2023年 山东省海洋生态预警监测报告

马元庆　姜会超　孙　珊　邢红艳◎主编

海洋出版社

2025年·北京

图书在版编目（CIP）数据

2023年山东省海洋生态预警监测报告 / 马元庆等主编. -- 北京 : 海洋出版社, 2025. 4. -- ISBN 978-7-5210-1530-0

Ⅰ. P71

中国国家版本馆CIP数据核字第2025JG2496号

审图号：鲁 SG（2025）016 号

2023年山东省海洋生态预警监测报告
2023 NIAN SHANDONGSHENG HAIYANG SHENGTAI YUJING JIANCE BAOGAO

策划编辑：赵　娟
责任编辑：赵　娟
责任印制：安　淼

海洋出版社 出版发行
http://www.oceanpress.com.cn
北京市海淀区大慧寺路 8 号　　邮编：100081
鸿博昊天科技有限公司印刷　新华书店经销
2025年5月第1版　　2025年5月第1次印刷
开本：787 mm × 1092 mm　　1 / 16　　印张：5.25
字数：80千字　　定价：80.00元
发行部：010-62100090　总编室：010-62100034
海洋版图书印、装错误可随时退换

《2023年山东省海洋生态预警监测报告》
编委会

前　言

党的十八大以来，以习近平同志为核心的党中央站在中华民族永续发展的战略高度，将生态文明建设纳入中国特色社会主义事业“五位一体”总体布局，自然资源部为统筹推进“十四五”时期体系建设和任务实施，满足自然资源管理需求，制定了《全国海洋生态预警监测总体方案（2021—2025）》（自然资办发〔2021〕64 号），明确了“十四五”期间全国统一推进的海洋生态预警监测工作任务。

山东是海洋大省，管辖海域面积约 47 308 km^2，海岸线长度约 3 505 km，地跨渤海、黄海两个海区，内有黄河等多条径流注入，拥有河口、海湾、海岛等多种类型的生态系统，海洋生物资源丰富，多样性好，为区域经济社会的稳定发展提供了重要的生态支撑。但随着经济社会的快速发展以及气候变化的多重影响，山东省海洋生态安全总体形势不容乐观，海洋生态保护任务仍然艰巨。

2023 年，山东省海洋局坚持以习近平新时代中国特色社会主义思想为指引，深入学习贯彻党的二十大精神，贯彻落实习近平生态文明思想和总书记对山东海洋工作的重要指示要求，紧紧围绕黄河流域生态保护和高质量发展等重大战略需求，以建设海洋强省为目标，扎实推进海洋生态预警监测工作。进一步完善了省、市、县三级海洋生态预警监测体系建设，综合利用卫星、无人机、船舶、浮标等监测手段，建立了“天 – 空 – 海 – 岸”四位一体的预警监测体系，系统地开展了海洋生态基础状况监测、典型海洋生态系统监测、海洋生态灾害与风险监测等工作，布设各类监测站位 700 余个，获取监测数据 30 余万组。本书基于 2023 年山东省海洋生态预警监测数据，详细地剖析了全省海洋生态状况及发展趋势，及时识别海洋生态风险和问题，为维护海洋生态安全，推动海洋生态保护修复，实现生态环境与经济社会的可持续发展提供了有力支撑。

分析结果显示，2023 年山东省海洋生态状况总体良好。水环境状况持续改善，局部海域仍存在一定程度的富营养化及氮磷比失衡现象；沉积物类型以粉砂为主，沉积物质量状况良好；监测到浮游植物 96 种、浮游动物 94 种、大型底栖生物 251 种、潮间带生物 88 种、鱼卵 21 种、仔稚鱼 33 种、游泳动物 79 种，海洋生物种类丰富，多样性较好，群落结构总体稳定；河口、海湾、海草床、海藻场、盐沼、牡蛎礁、海岛、砂质海岸、泥质海岸九大类典型生态系统稳定发展；赤潮累计暴发 2 次，较往年明显偏低；黄海浒苔绿潮连续 17 年暴发，登滩量较 2022 年减少了 93%；互花米草入侵得到有效治理，清除率超过 85%；海水入侵和滨海土壤盐渍化状况总体呈稳定或缓解趋势；局地性灾害生物暴发 1 次。

本书由山东省海洋资源与环境研究院、青岛市海洋管理保障中心、自然资源部烟台海洋中心、滨州市海洋发展研究院、东营市海洋发展研究院、潍坊市海洋发展研究院、烟台市海洋环境监测预报中心、威海市海洋与渔业监测减灾中心、日照市海洋环境监测预报中心、东营市垦利区海洋环境监测预报站、寿光市海洋渔业发展中心、烟台市蓬莱区海洋环境监测中心、长岛海洋生态文明综合试验区海洋环境监测中心、荣成市海洋与渔业监测减灾中心、威海市文登区海洋环境监测站、乳山市海洋与渔业监测减灾中心、海阳市海洋与渔业综合服务中心等单位共同参与完成。本书的出版得到了山东省投资发展类项目“山东省海洋生态预警监测”等项目的支持。

目 录

第一章
海洋生态基本状况

（一）生态格局

山东是海洋大省，管辖海域面积约 47 308 km^2，海岸线长度约 3 505 km，地跨渤海、黄海两个海区，内有黄河等多条径流注入，生态类型多样。山东省管辖海域跨越渤海生态区、黄河口生态区、黄海西部近岸生态区 3 个二级生态区，包括渤海湾生态区、渤海中部生态区、黄河口生态区、莱州湾生态区、北黄海南部近岸生态区、南黄海北部近岸生态区 6 个三级生态区，以及长岛群岛生态区等 22 个四级生态区[①]（图 1-1）。

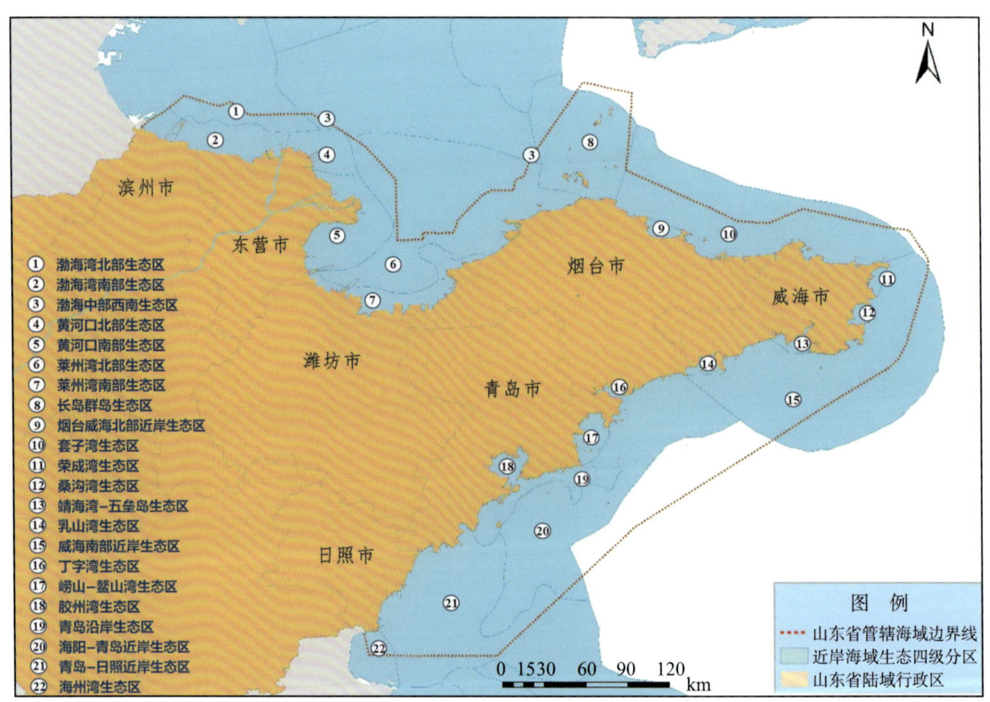

图 1-1　山东省管辖海域生态四级分区示意图

① 按照《中国近岸海域生态四级分区（试行）》，划分一、二、三、四级生态区。

（二）水体

水温 2023 年 5 月，山东省管辖海域表层水温的变化范围为 10.6 ~23.2℃，平均值为 15.3℃；8 月，表层水温的变化范围为 17.1 ~ 31.7℃，平均值为 27.0℃[①]（图 1–2）。区域变化上表现为渤海海域高于黄海海域。与前 3 年同期均值相比，2023 年 5 月表层水温升高了 2.4℃，8 月表层水温升高了 1.3℃。

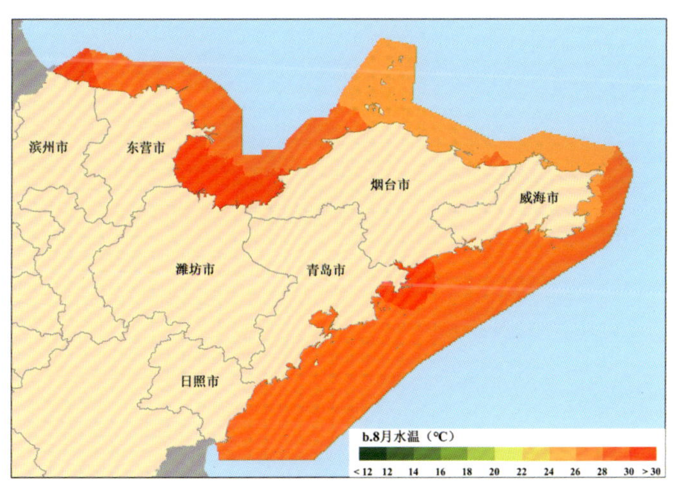

图 1–2 2023 年 5 月和 8 月山东省管辖海域海水温度平面分布示意图

① 水温采用遥感反演数据。

盐度[①]　2023 年 5 月，山东省管辖海域海水盐度的变化范围为 19.923 ~ 31.556，平均值为 29.230；8 月，盐度的变化范围为 15.921 ~ 31.508，平均值为 29.055（图 1–3）。低盐区（盐度 < 27）主要分布在莱州湾底部和黄河口附近海域。与前 5 年同期均值相比，2023 年 5 月盐度降低了 1.494，8 月盐度降低了 0.592。

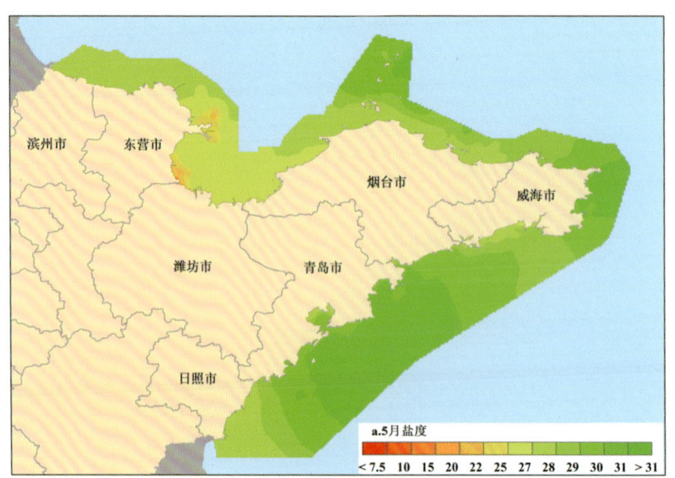

图 1–3　2023 年 5 月和 8 月山东省管辖海域海水盐度平面分布示意图

---

① 盐度、溶解氧、无机氮、活性磷酸盐、富营养化为表底平均值。

溶解氧　2023 年 5 月，山东省管辖海域海水溶解氧含量的变化范围为 5.52～11.58 mg/L，平均值为 8.69 mg/L；8 月，溶解氧含量的变化范围为 2.99～8.76 mg/L，平均值为 6.58 mg/L，明显低于 5 月（图 1–4）。与前 5 年同期均值相比，2023 年 5 月溶解氧含量升高了 0.24 mg/L，8 月溶解氧含量降低了 0.32 mg/L。

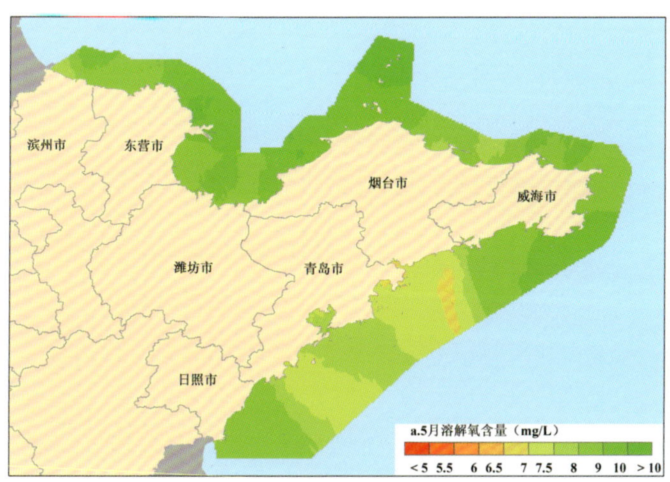

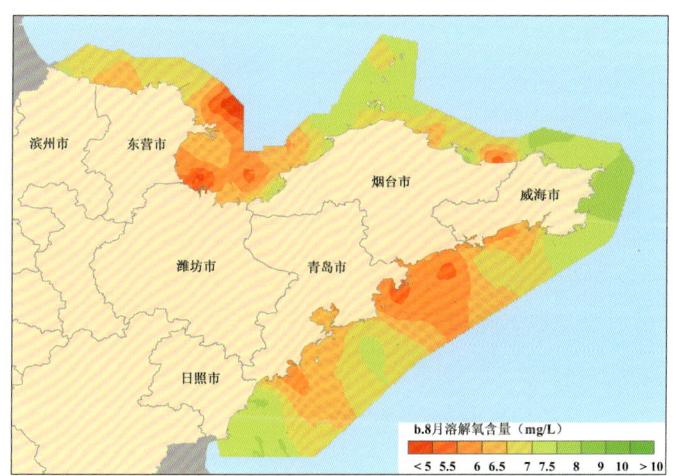

图 1–4　2023 年 5 月和 8 月山东省管辖海域海水溶解氧含量平面分布示意图

无机氮　2023 年 5 月，山东省管辖海域海水无机氮含量的变化范围为 0.003 76～1.25 mg/L，平均值为 0.220 mg/L；8 月，无机氮含量的变化范围为 0.001 98～1.15 mg/L，平均值为 0.153 mg/L（图 1-5）。近岸海域无机氮含量高于离岸海域，莱州湾、渤海湾等含量较高。与前 5 年同期均值相比，2023 年 5 月无机氮含量升高了 0.037 mg/L，8 月无机氮含量降低了 0.053 mg/L。

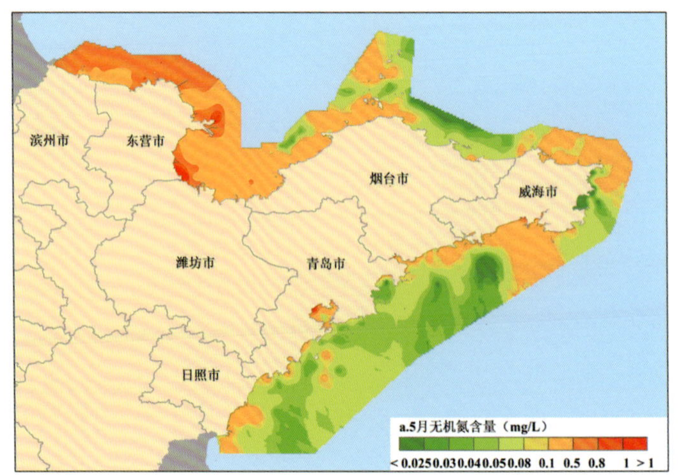

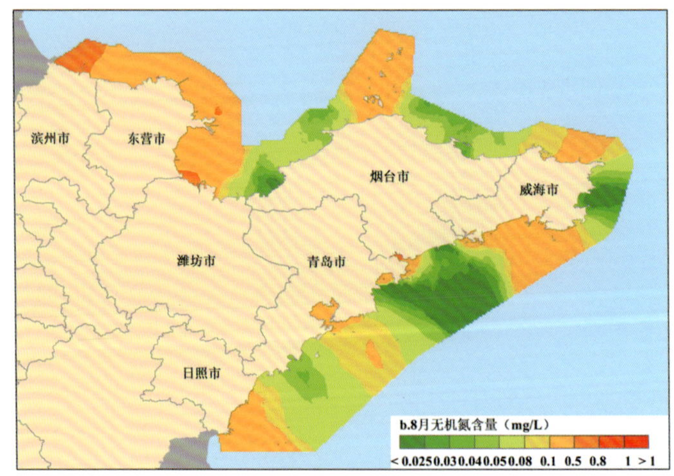

图 1-5　2023 年 5 月和 8 月山东省管辖海域海水无机氮含量平面分布示意图

活性磷酸盐　2023 年 5 月，山东省管辖海域海水活性磷酸盐含量的变化范围为未检出[①] ~ 0.052 0 mg/L，平均值为 0.004 49 mg/L；8 月，活性磷酸盐含量的变化范围为未检出 ~ 0.097 0 mg/L，平均值为 0.005 53 mg/L（图 1–6）。与前 5 年同期均值相比，2023 年 5 月活性磷酸盐含量升高了 0.000 18 mg/L，8 月活性磷酸盐含量降低了 0.000 3 mg/L。

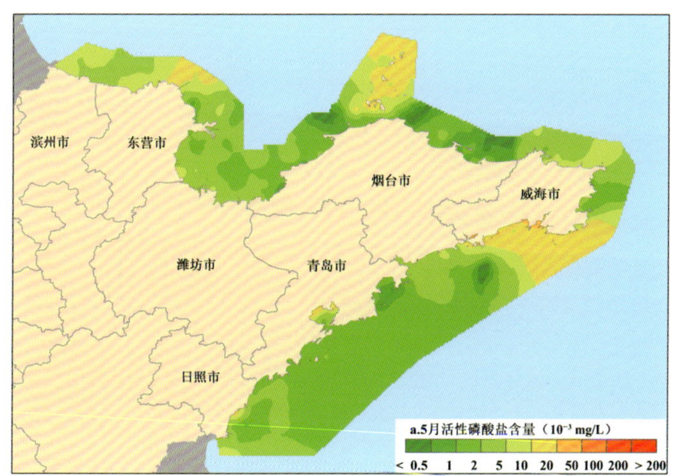

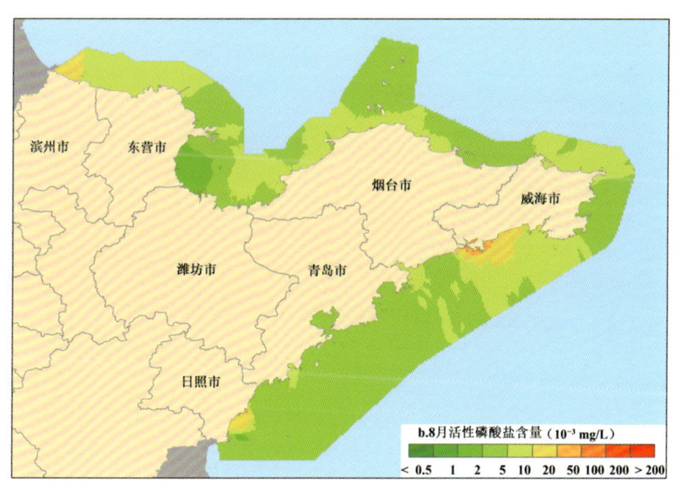

图 1–6　2023 年 5 月和 8 月山东省管辖海域海水活性磷酸盐含量平面分布示意图

① 活性磷酸盐的检出限为 0.000 62 mg/L。

富营养化[①] 2023 年 5 月，山东省管辖海域海水富营养化面积为 2 942 km^2，轻度、中度和重度富营养化海域面积分别为 2 350 km^2、514 km^2 和 78 km^2；8 月，富营养化面积为 2 127 km^2，轻度、中度和重度富营养化海域面积分别为 1 902 km^2、189 km^2 和 36 km^2（图 1-7）。富营养化海域主要集中在莱州湾、渤海湾、胶州湾等海域。与前 5 年同期均值相比，2023 年 5 月富营养化面积增加了 1 700 km^2，8 月富营养化面积减少了 524 km^2。

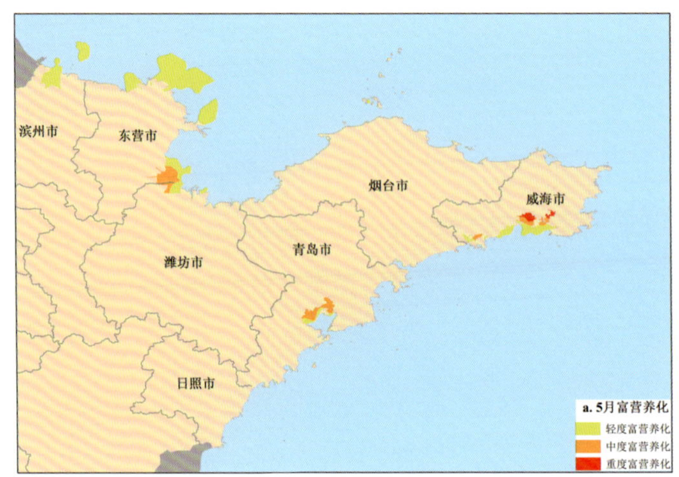

图 1-7 2023 年 5 月和 8 月山东省管辖海域海水富营养化平面分布示意图

① 富营养化状况采用富营养化指数（E）法，$E =（C_{COD} \times C_{DIN} \times C_{DIP} \times 10^6）/ 4\,500$。

（三）底质

底质类型　山东省管辖海域沉积物类型以粉砂为主，主要分布在烟台、威海、日照近岸海域及莱州湾部分近岸海域；其次为黏土质粉砂，主要分布在青岛近岸海域及黄河口附近海域；再次为砂质粉砂，主要分布在莱州湾东南部海域及东营近岸海域；粉砂质砂主要分布在莱州湾底部海域及东营北部近岸海域；砂较少（图 1–8）。

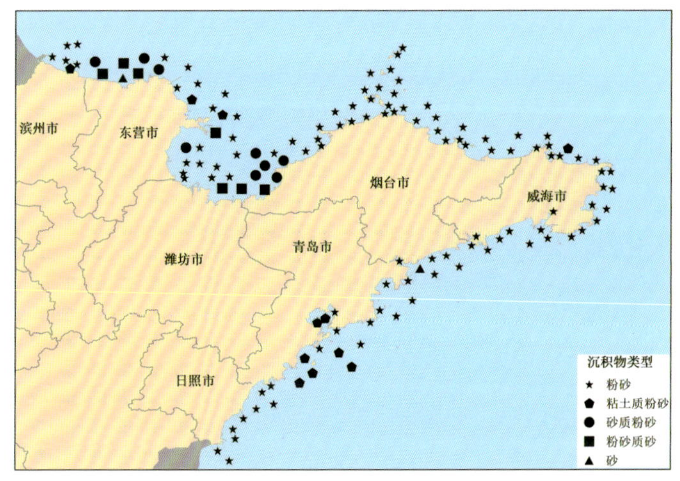

图 1–8　2023 年 8 月山东省管辖海域沉积物类型平面分布示意图

有机碳　2023 年 8 月，山东省管辖海域沉积物有机碳含量的变化范围为 0.080%～1.33%，平均值为 0.488%，威海南部、日照近岸海域含量较高（图 1–9）。与前 5 年同期均值相比，2023 年有机碳含量升高了 0.121%。

硫化物　2023 年 8 月，山东省管辖海域沉积物硫化物含量的变化范围为未检出①～586 mg/kg，平均值为 52.4 mg/kg；烟台、黄河口北部等近岸海域以及五垒岛湾、丁字湾、胶州湾等海湾含量较高（图 1–10）。与前 5 年同期均值相比，2023 年硫化物含量升高了 19.4 mg/kg。

---

① 硫化物检出限为 0.3 mg/kg。

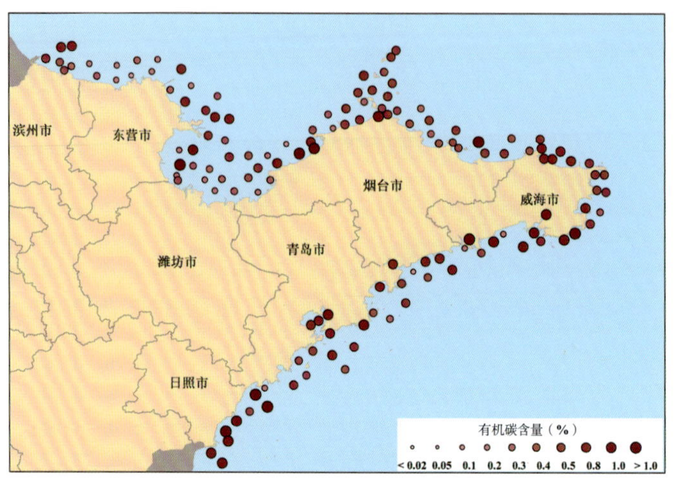

图 1-9　2023 年 8 月山东省管辖海域沉积物有机碳含量平面分布示意图

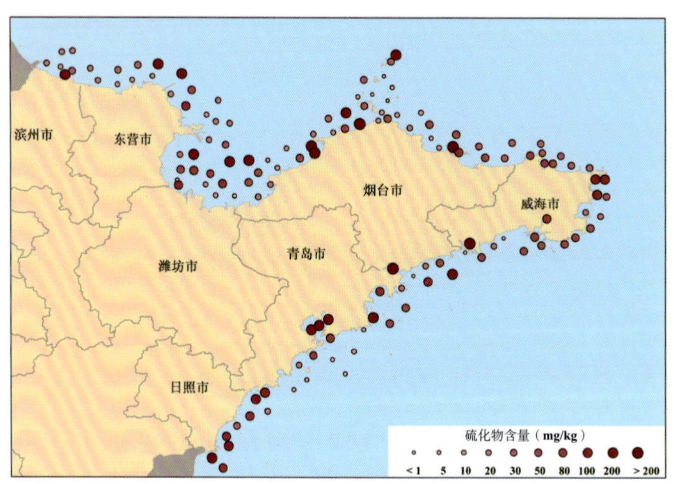

图 1-10　2023 年 8 月山东省管辖海域沉积物硫化物含量平面分布示意图

（四）生物

2023 年，山东省管辖海域共监测到浮游植物 96 种，浮游动物 94 种，大型底栖生物 251 种，潮间带生物 88 种，鱼卵、仔稚鱼[①] 分别为 21 种、33 种，游泳动物 79 种。

浮游植物　2023 年，山东省管辖海域监测到浮游植物 96 种，略低于 2022 年（99 种），主要类群为硅藻，常见种如图 1-11 所示。

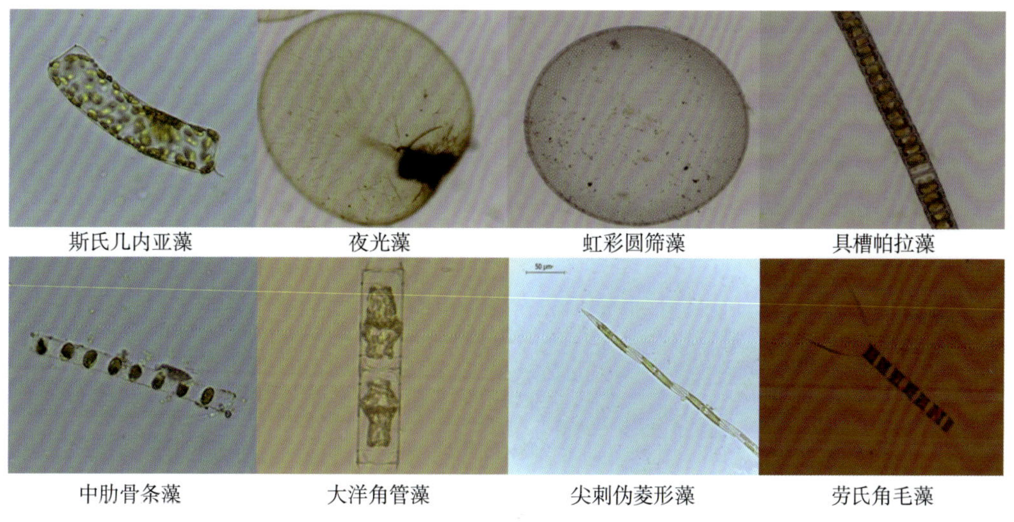

图 1-11　2023 年山东省管辖海域浮游植物常见种

5 月，山东省管辖海域共监测到浮游植物 78 种，以硅藻门为主，占 84.62%（图 1-12）。优势种主要为斯氏几内亚藻、夜光藻、虹彩圆筛藻、具槽帕拉藻和中肋骨条藻；其中，烟台海域种类数最多（58 种），其后依次为青岛（54 种）、威海（48 种）、东营（38 种）、日照（27 种），潍坊和滨州海域种类数最少（各 20 种），如图 1-13 所示。5 月，山东省管辖海域浮游植物细胞密度均值为 22.14×10^4 个 /m^3，日照近岸海域浮游植物细胞密度最高，其后依次是东营、潍坊、威海、青岛、烟台，滨州近岸海域浮游植物细胞密度最低（图 1-14）。5 月，山东省管辖海域浮游植物多样性指数均值为 1.97，除潍坊近岸海域浮游植物多样性指数偏低外，其他沿海地市多样

① 数据来源为大型浮游生物网拖网数据，下同。

性指数均超过 1.50（图 1–15）。与前 5 年同期均值相比，2023 年 5 月浮游植物种类数（78 种）低于前 5 年同期均值（89 种），细胞密度（22.14×10^4 个 /m^3）低于前 5 年同期均值（35.09×10^4 个 /m^3），多样性指数（1.97）高于前 5 年同期均值（1.90）。

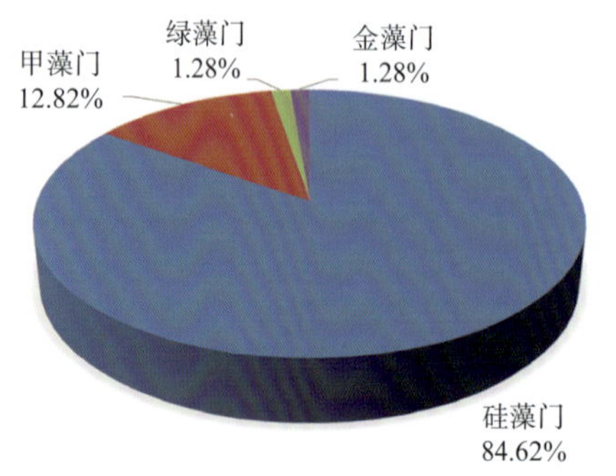

图 1–12　5 月浮游植物种类组成

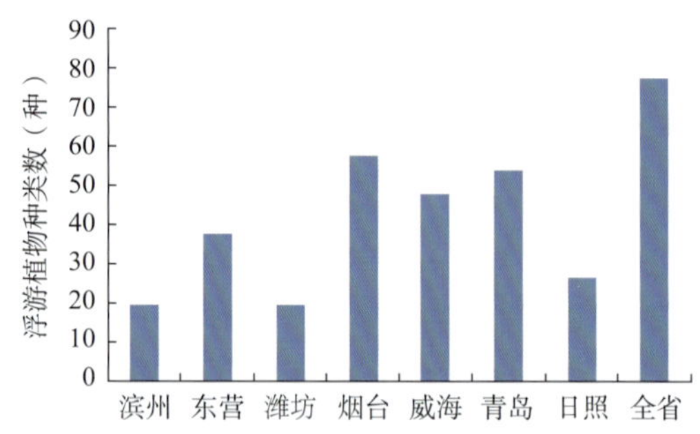

图 1–13　5 月浮游植物种类数区域分布

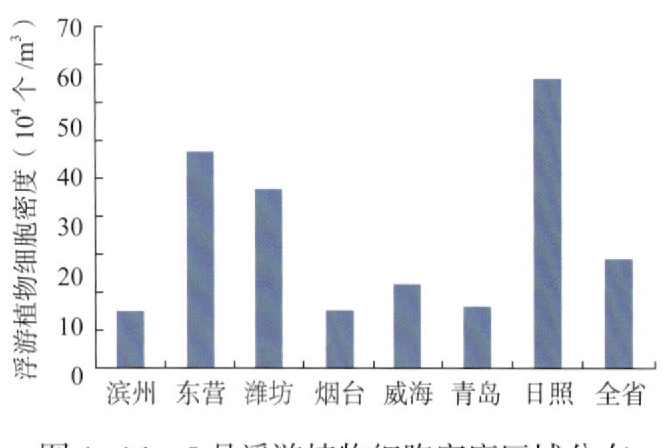

图 1–14　5 月浮游植物细胞密度区域分布

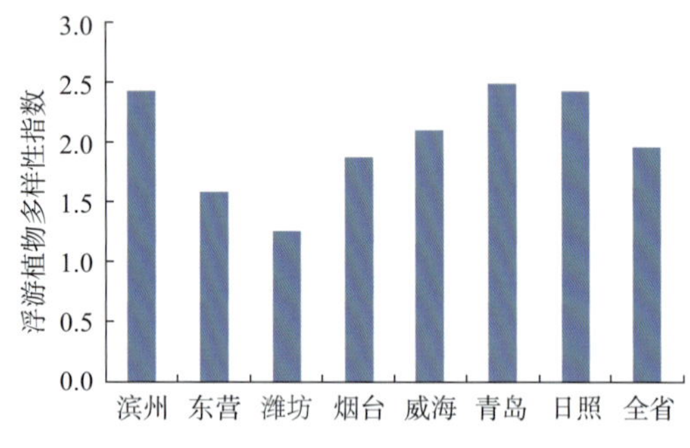

图 1–15　5 月浮游植物多样性指数区域分布

8 月，山东省管辖海域共监测到浮游植物 85 种，以硅藻门为主，占 83.53%（图 1–16）。优势种主要为旋链角毛藻、尖刺伪菱形藻、中肋骨条藻、劳氏角毛藻、大角角藻、三角角藻、泰晤士旋鞘藻；其中，烟台海域种类数最多（69 种），其后依次为东营（60 种）、青岛（56 种）、威海（48 种）、日照（40 种）、滨州（37 种），潍坊海域种类数最少（28 种），如图 1–17 所示。8 月，山东省管辖海域浮游植物细胞密度均值为 439.85×10^4 个 /m^3，滨州近岸海域浮游植物细胞密度最高，其后依次是东营、日照、烟台、威海、潍坊，青岛近岸海域浮游植物细胞密度最低（图 1–18）。8 月，山东省管辖海域浮游植物多样性指数均值为 2.60，其中，潍坊近岸海域浮游植物多样性指数均值为 1.50，其他各沿海地市多样性指数均在 2.00 以上（图 1–19）。与前 5 年同期均值相比，2023 年 8 月浮游植物种类数（85 种）略低于前 5 年同期均值（98 种），细胞密度（439.85×10^4 个 /m^3）低于前 5 年同期均值（791.54×10⁴ 个 /m³），多样性指数（2.60）高于前 5 年同期均值（2.46）。

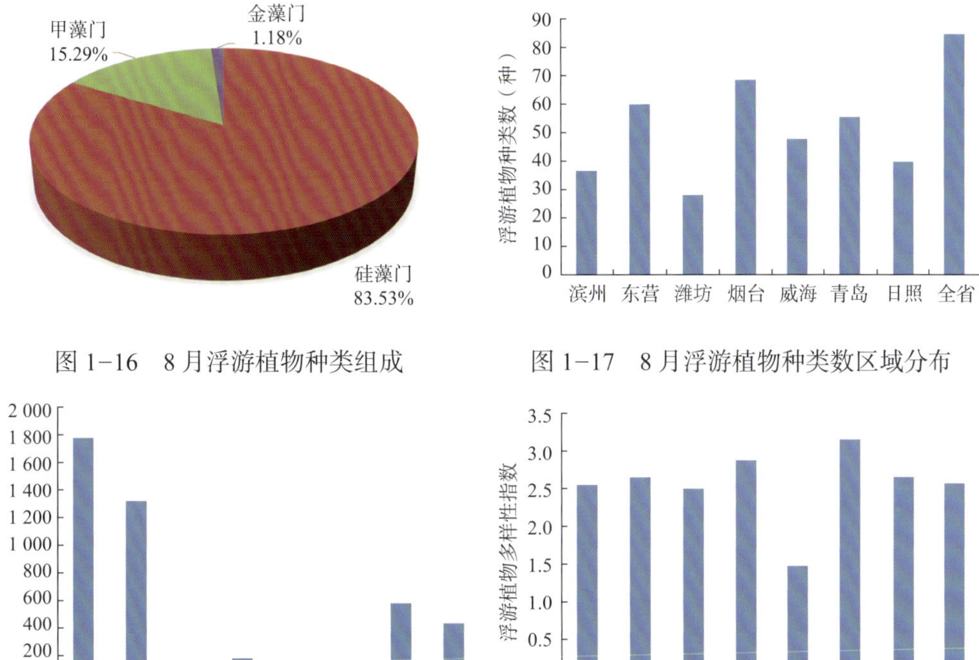

图 1–16　8 月浮游植物种类组成　　图 1–17　8 月浮游植物种类数区域分布

图 1–18　8 月浮游植物细胞密度区域分布　　图 1–19　8 月浮游植物多样性指数区域分布

浮游动物　2023 年，山东省管辖海域监测到浮游动物 94 种，主要类群为刺胞动物、桡足类和浮游幼虫，常见种如图 1–20 所示。

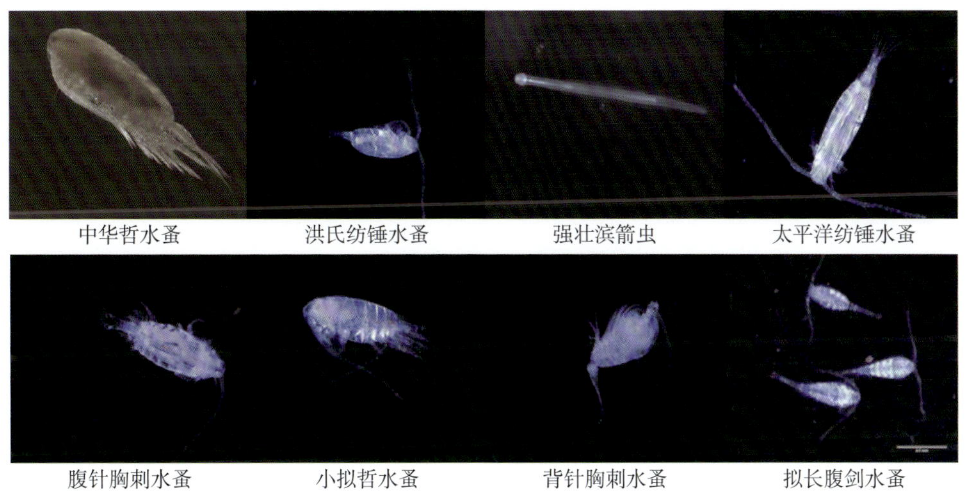

图 1–20　2023 年山东省管辖海域浮游动物常见种

5月，山东省管辖海域共监测到浮游动物68种（Ⅰ型网），以刺胞动物门、浮游幼虫、桡足类为主，优势种主要为中华哲水蚤、腹针胸刺水蚤、强壮滨箭虫和洪氏纺锤水蚤（图1–21）；其中威海海域浮游动物种类数最多（46种），其后依次为烟台（42种）、日照（39种）、青岛（37种）、东营（29种）、潍坊（28种），滨州海域种类数最少（23种），如图1–22所示。5月，山东省管辖海域浮游动物密度均值为329.17个/m^3，滨州近岸海域浮游动物密度最高，其后依次是烟台、潍坊、东营、威海、日照近岸海域，青岛近岸海域浮游动物密度最小（图1–23）。5月，山东省管辖海域浮游动物生物量平均266.58 mg/m^3，滨州近岸海域浮游动物生物量最高，其后依次是烟台、潍坊、东营、日照、威海近岸海域，青岛近岸海域浮游动物生物量最低。5月，山东省管辖海域浮游动物多样性指数平均为2.01，沿海7地市近海海域多样性指数均在1.50以上（图1–24）。与前5年同期均值相比，2023年5月浮游动物种类数（68种）高于前5年同期均值（62种），密度（329.17个/m^3）低于前5年同期均值（766.72个/m^3），多样性指数（2.01）高于前5年同期均值（1.89）。

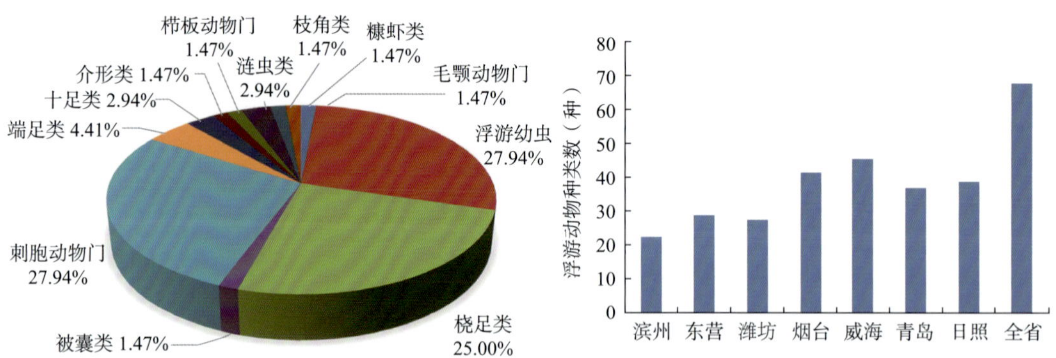

图1–21　5月浮游动物种类组成

图1–22　5月浮游动物种类数区域分布

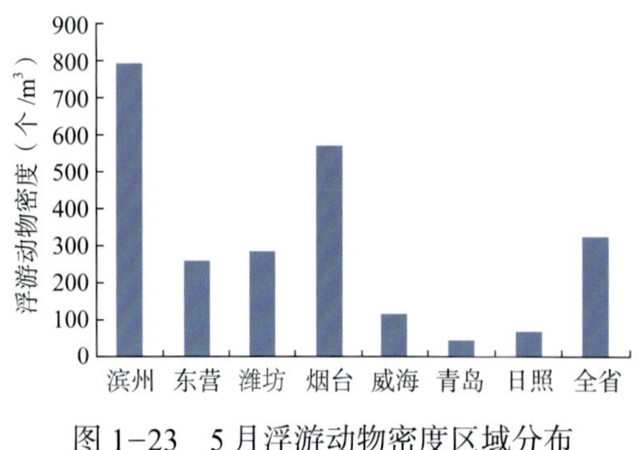

图1–23　5月浮游动物密度区域分布

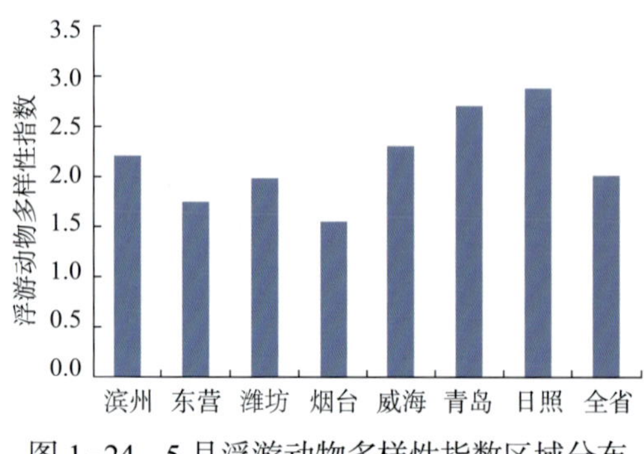

图1–24　5月浮游动物多样性指数区域分布

8 月，山东省管辖海域共监测到浮游动物 82 种（Ⅰ型网），以刺胞动物门、桡足类、浮游幼虫为主，优势种主要为强壮滨箭虫、鸟喙尖头溞、球型侧腕水母、小拟哲水蚤、中华哲水蚤（图 1–25）；其中，烟台海域浮游动物种类数最多（70 种），其后依次为威海（61 种）、东营（58 种）、青岛（49 种）、日照（46种）、滨州（39 种），潍坊海域种类数最少（31 种），如图 1–26 所示。8 月，山东省管辖海域浮游动物密度均值为 211.10 个 /m^3，威海近岸海域浮游动物密度最高，其后依次是东营、滨州、烟台、潍坊、日照近岸海域，青岛近岸海域浮游动物密度最低（图 1–27）。8 月，山东省管辖海域浮游动物多样性指数平均为 2.84，沿海 7 地市近海海域多样性指数均在 2.00 以上，滨州、日照沿海地市近岸海域多样性指数较高，均在 3.00 以上（图 1–28）。与前 5 年同期均值相比，2023 年 8 月浮游动物种类（82 种）略低于前 5 年同期均值（83 种），密度（211.10 个 /m^3）低于前 5 年同期均值（307.15 个 /m^3），多样性指数（2.84）高于前 5 年同期均值（2.62）。

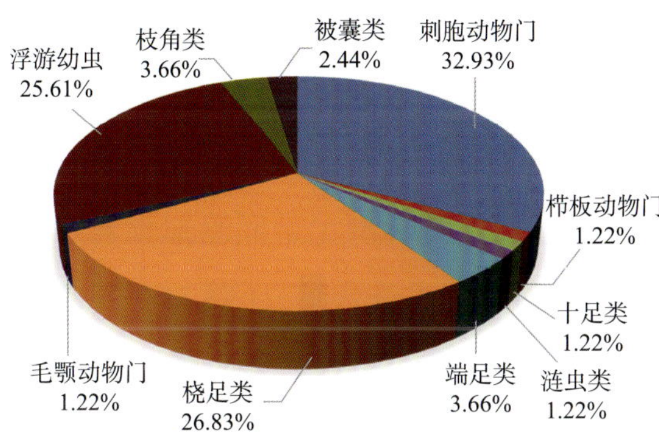

图 1–25　8 月浮游动物种类组成

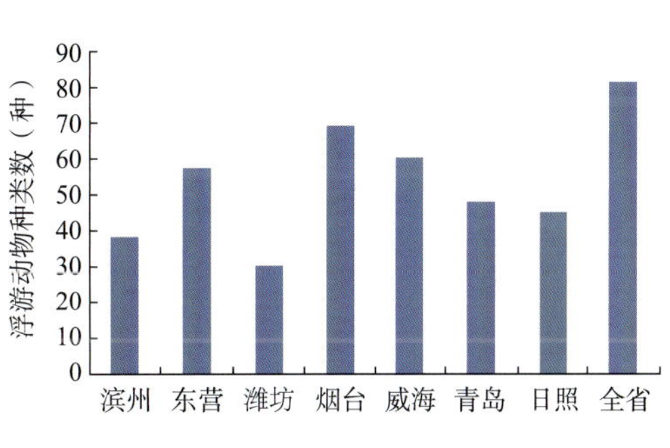

图 1-26　8 月浮游动物种类数区域分布

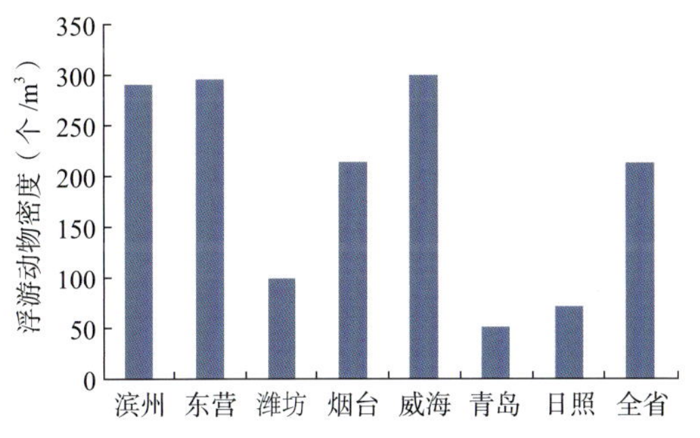

图 1-27　8 月浮游动物密度区域分布

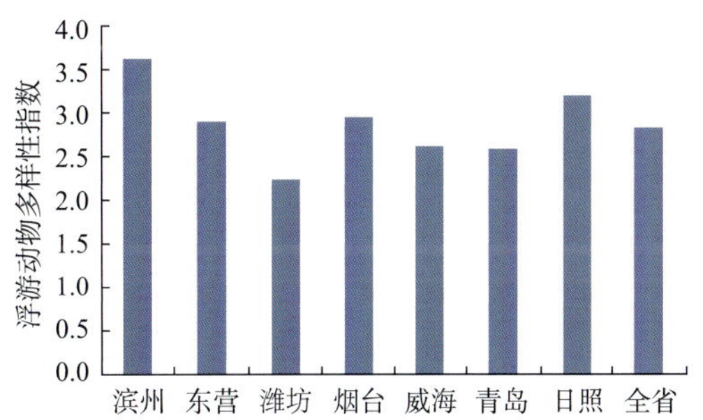

图 1-28　8 月浮游动物多样性指数区域分布

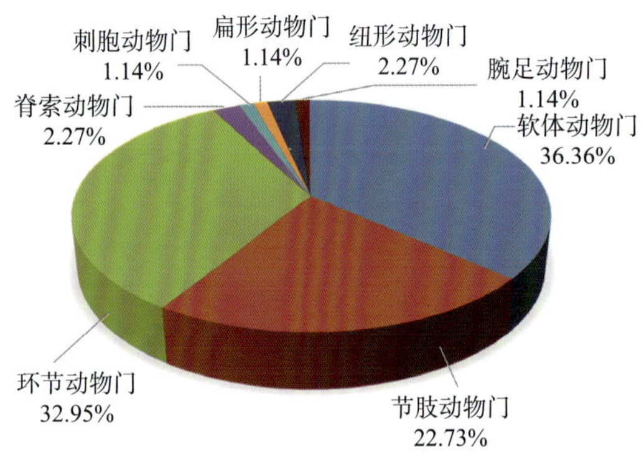

图 1-34　8 月潮间带生物种类组成

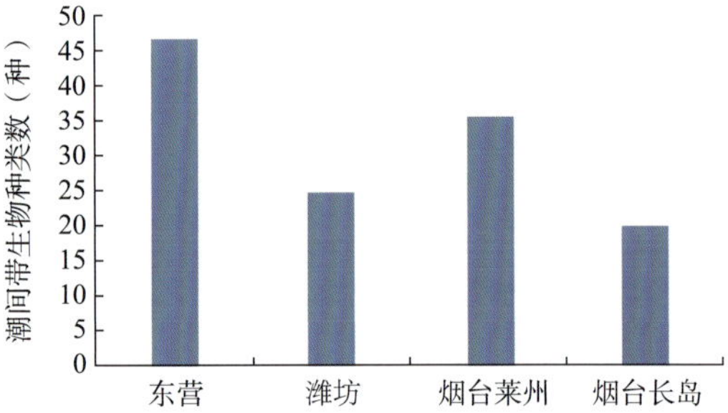

潮间带生物种类数（种）
50
45
40
35
30
25
20
15
10
5
0
东营
潍坊
烟台莱州
烟台长岛

图 1-35　8 月潮间带生物种类数区域分布

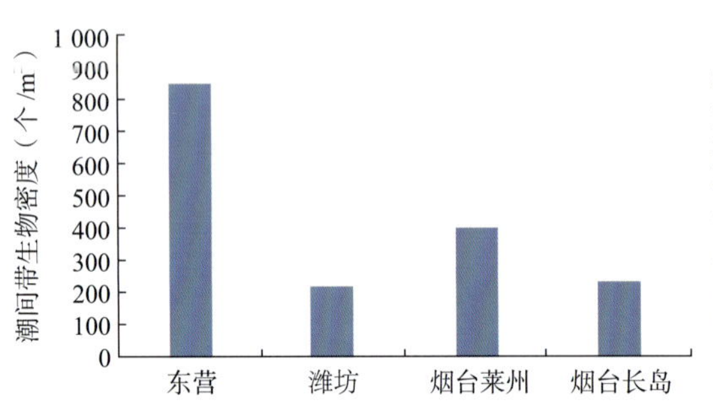

图 1-36　8 月潮间带生物密度区域分布

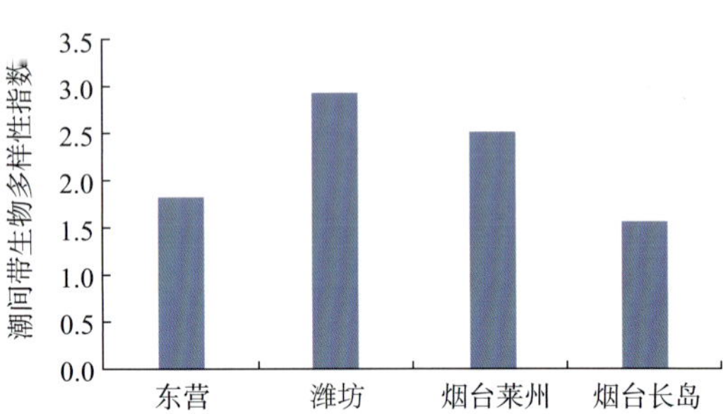

图 1-37　8 月潮间带生物多样性指数区域分布

图 1-38　2023 年山东省管辖海域潮间带生物常见种

鱼卵及仔稚鱼　2023 年，山东省管辖海域监测到鱼卵、仔稚鱼分别为 21 种、33 种，常见种如图 1-39 所示。

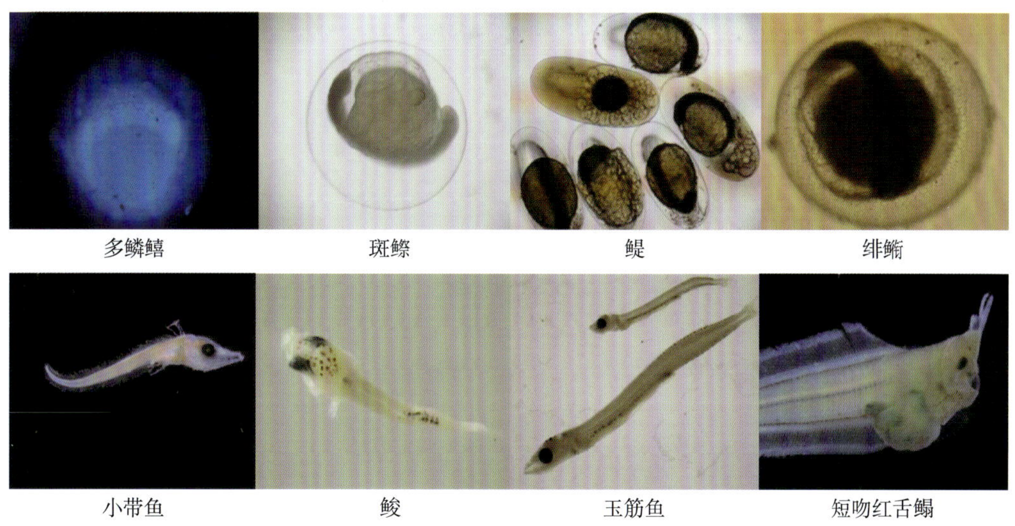

图 1-39　2023 年山东省管辖海域鱼卵及仔稚鱼常见种

5 月，山东省管辖海域监测到鱼卵种类为 17 种，优势种主要为斑鰶、鳀、赤鼻棱鳀；其中烟台海域鱼卵种类数最多（14 种），其后依次为东营（10 种）、青岛（10 种）、威海（10 种）、潍坊（9 种）、日照（8 种），滨州海域种类数最少（6 种），如图 1-40 所示。山东省管辖海域监测到仔稚鱼种类为 21 种，主要优势种为鳀、鮻；其中烟台仔稚鱼种类数最多（15 种），其后依次为东营（12 种）、日照（8 种）、潍坊（7 种）、青岛（7 种）、滨州（7 种），威海海域种类数最少（5 种），如图 1-41 所示。鱼卵密度均值为 3.16 个 /m^3，其中滨州海域鱼卵密度最高（5.92 个 /m^3），其后依次为东营（4.51 个 /m^3）、威海（3.18 个 /m^3）、烟台（3.07 个 /m^3）、青岛（2.81 个 /m^3）、日照（1.20 个 /m^3），潍坊海域密度最小（0.07 个 /m^3），如图 1-42 所示。仔稚鱼密度均值为 0.28 个 /m^3，其中青岛海域仔稚鱼密度最高（0.86 个 /m^3），其后依次为东营（0.54 个 /m^3）、滨州（0.28 个 /m^3）、潍坊（0.23 个 /m^3）、威海（0.09 个 /m^3）、烟台（0.09 个 /m^3）、日照（0.09 个 /m^3），如图 1-43 所示。与前 5 年同期均值相比，2023 年 5 月鱼卵种类数（17 种）低于前 5 年同期均值（20 种），密度（3.16 个 /m^3）高于前 5 年同期均值（1.20 个 /m^3）。2023 年 5 月仔稚鱼种类数（21 种）高于前 5 年同期均值（14 种），密度（0.28 个 /m^3）高于前 5 年同期均值（0.27 个 /m^3）。

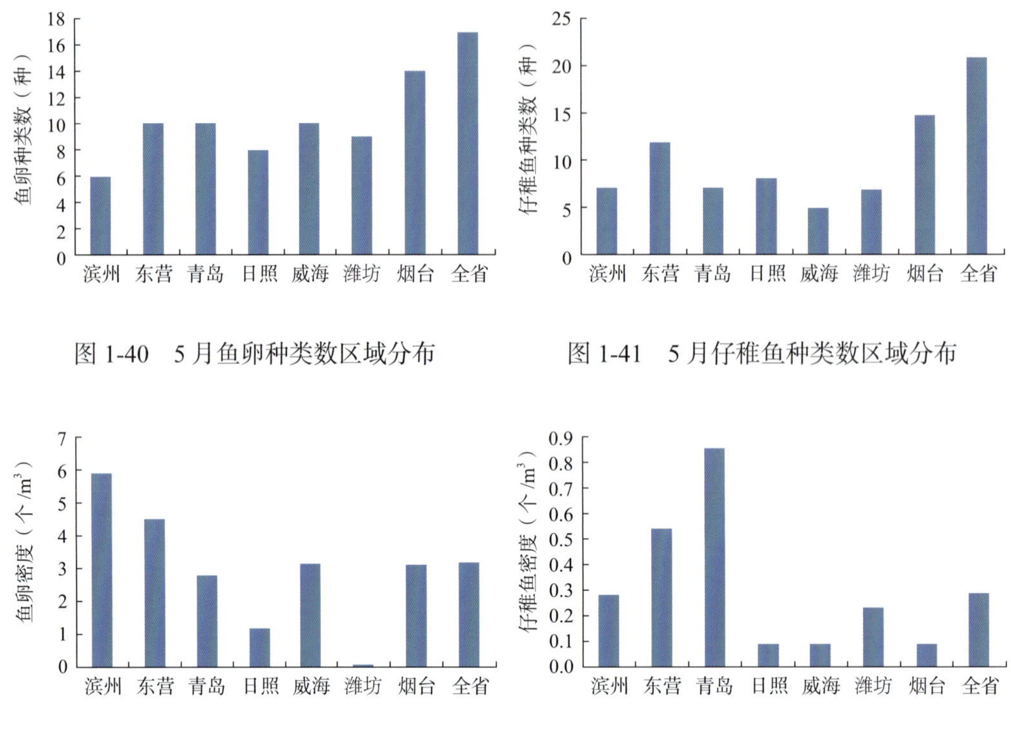

图 1-40　5 月鱼卵种类数区域分布

图 1-41　5 月仔稚鱼种类数区域分布

图 1-42　5 月鱼卵密度区域分布

图 1-43　5 月仔稚鱼密度区域分布

8 月，山东省管辖海域监测到鱼卵 12 种，主要优势种为多鳞鱚、短吻红舌鳎。其中，烟台和青岛海域鱼卵种类数最多（8 种），其后依次为威海（5 种）、东营（4 种），滨州、日照、潍坊海域鱼卵种类数最少（3 种），如图 1–44 所示。山东省管辖海域监测到仔稚鱼（大型浮游生物网拖网）种类为 22 种，主要优势种为鳀、赤鼻棱鳀。其中烟台海域仔稚鱼种类数最多（13 种），其后依次为东营（12 种）、威海（12 种），青岛（8 种）、潍坊（8 种）、日照（7 种），滨州海域仔稚鱼种类数最少（5 种），如图 1–45 所示。鱼卵密度均值为 0.70 个 /m^3，其中烟台海域鱼卵密度最高（1.29 个 /m^3），其后依次为威海（0.70 个 /m^3）、青岛（0.57 个 /m^3）、滨州（0.14 个 /m^3）、东营（0.13 个 /m^3）、潍坊（0.09 个 /m^3），日照海域鱼卵密度最少（0.02 个 /m^3），如图 1–46 所示。仔稚鱼密度均值为

0.28 个 /m³，其中潍坊海域仔稚鱼密度最高（4.65 个 /m³），其后依次为烟台（0.10 个 /m³）、滨州（0.05 个 /m³）、青岛（0.04 个 /m³）、日照（0.03 个 /m³）、东营（0.01 个 /m³）、威海（0.01 个 /m³），如图 1–47 所示。与前 5 年同期均值相比，2023 年 8 月鱼卵种类数（12 种）高于前 5 年同期均值（10 种），密度（0.70 个 /m³）高于前五年同期均值（0.12 个 /m³）。2023 年 8 月仔稚鱼种类数（22 种）高于前 5 年同期均值（13 种），密度（0.28 个 /m³）高于前 5 年同期均值（0.16 个 /m³）。

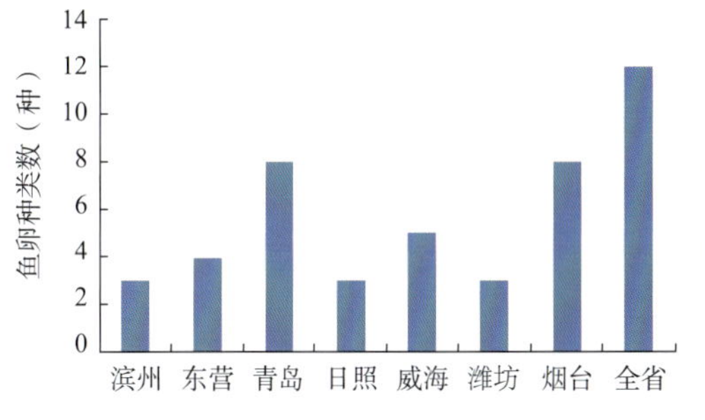

图 1-44　8 月鱼卵种类区域分布

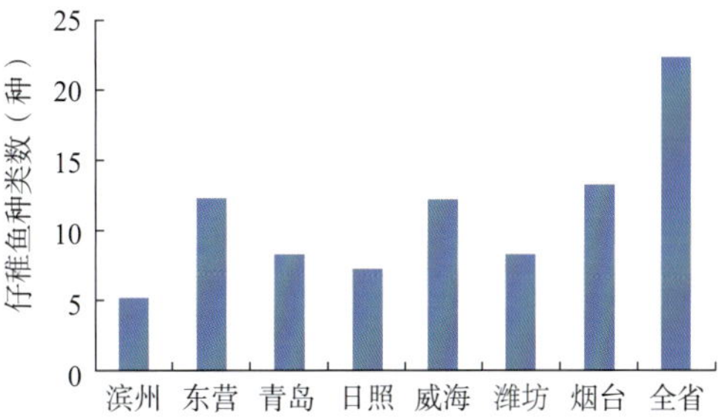

图 1-45　8 月仔稚鱼种类数区域分布

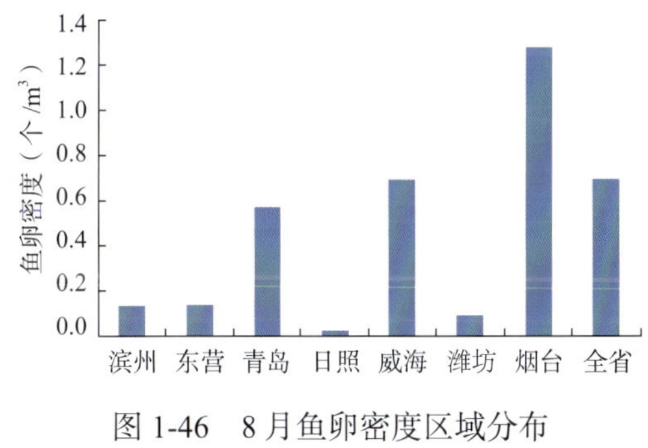

图 1-46　8 月鱼卵密度区域分布

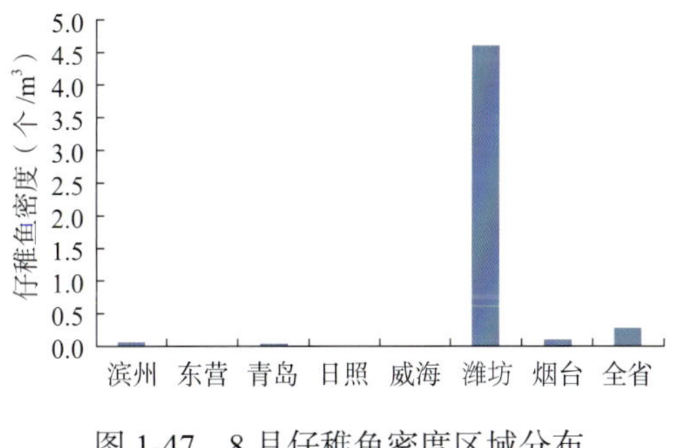

图 1-47　8 月仔稚鱼密度区域分布

游泳动物　2023 年 5 月，山东省管辖海域监测到游泳动物 79 种，种类组成如图 1–48 所示。主要优势种为赤鼻棱鳀、鳀，重要种有 10 种，分别为枪乌贼、黄鲫、口虾蛄、日本鼓虾、日本褐虾、双斑蟳、方氏云鳚、短吻红舌鳎、矛尾虾虎鱼、葛氏长臂虾。其中，烟台海域游泳动物种类数最多（70 种），其后依次为东营（54 种）、潍坊（41 种）、威海（41 种）、青岛（38 种），滨州海域游泳动物种类数最少（22 种），如图 1–49 所示。山东省管辖海域游泳动物资源量密度的变化范围为 26.58 ~ 2 875.36 kg/km²，平均为 363.76 kg/km²，各海域资源分布存在明显的差异，东营资源量密度最高为 528.52 kg/km^2，其后依次为烟台、威海、潍坊、滨州近岸海域，青岛资源量密度最低为 156.79 kg/km^2，如图 1-50 所示。多样性指数的变化范围为 0.59 ~ 3.87，平均为 2.60，各海域游泳动物多样性指数较高且均超过 2.00，其中，威海近岸海域多样性指数最高为 3.06，其后依次为青岛 2.90、滨州 2.83、潍坊 2.67、烟台 2.54，东营近岸海域多样性指数最低为 2.43，如图 1-51 所示。与前 3 年同期均值相比，2023 年 5 月游泳动物种类数（79 种）高于前 3 年同期均值（76 种），资源量密度（363.76 kg/km^2）高于前 3 年同期均值（351.11 kg/km^2），多样性指数（2.60）低于前 3 年同期均值（2.87）。游泳动物资源以小型鱼虾类为主。

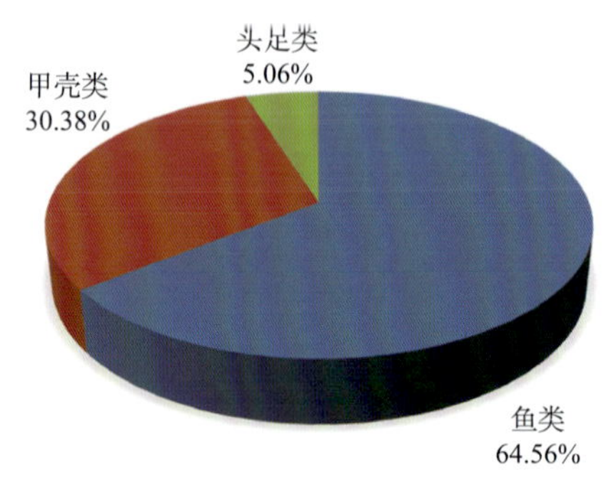

图 1-48　5 月游泳动物种类组成

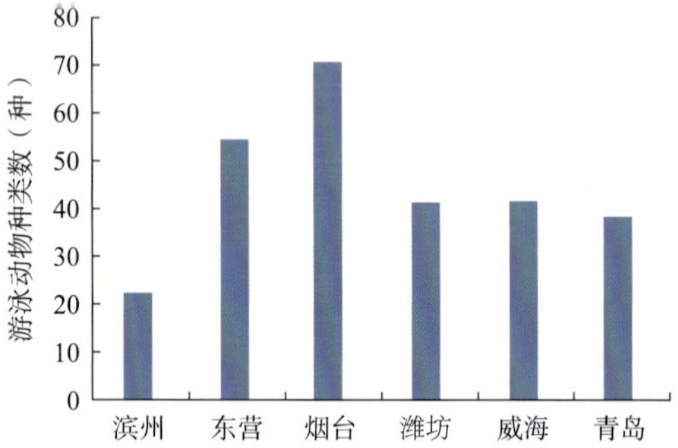

图 1-49　5 月游泳动物种类数区域分布

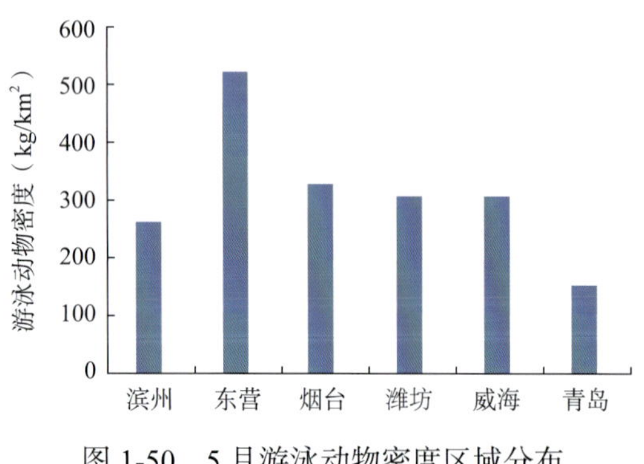

图 1-50　5 月游泳动物密度区域分布

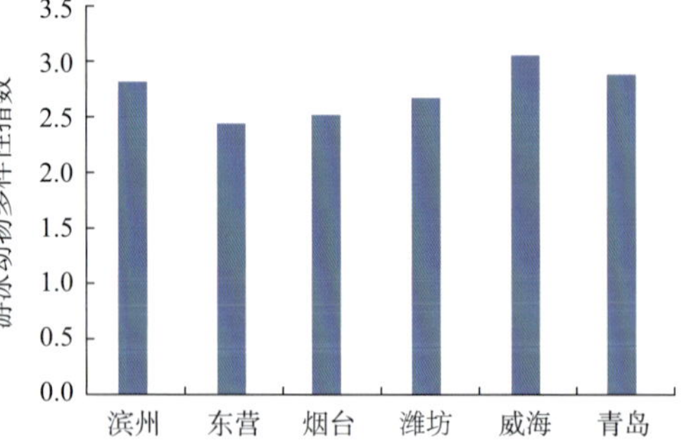

图 1-51　5 月游泳动物多样性指数区域分布

2023 年山东省管辖海域游泳动物常见种如图 1-52 所示。2019—2023 年山东省管辖海域海洋生物主要优势种见表 1-1。

口虾蛄　日本鼓虾　三疣梭子蟹

𫚥　小黄鱼　银鲳

图 1-52　2023 年山东省管辖海域游泳动物常见种

表 1-1　2019—2023 年山东省管辖海域海洋生物主要优势种

生物		2019 年	2020 年	2021 年	2022 年	2023 年
浮游植物	5 月	中肋骨条藻 大洋角管藻	中肋骨条藻 具槽帕拉藻	夜光藻 中肋骨条藻	夜光藻 大洋角管藻	斯氏几内亚藻 夜光藻
	8 月	旋链角毛藻 中肋骨条藻	短角弯角藻 中肋骨条藻	中肋骨条藻 泰晤士旋鞘藻	旋链角毛藻 中肋骨条藻	旋链角毛藻 尖刺伪菱形藻
浮游动物	5 月	中华哲水蚤 洪氏纺锤水蚤	腹针胸刺水蚤 中华哲水蚤	中华哲水蚤 腹针胸刺水蚤	中华哲水蚤 腹针胸刺水蚤	中华哲水蚤 腹针胸刺水蚤
	8 月	强壮滨箭虫 太平洋纺锤水蚤	小拟哲水蚤 强壮滨箭虫	鸟喙尖头溞 强壮滨箭虫	小拟哲水蚤 强壮滨箭虫	强壮滨箭虫 鸟喙尖头溞
大型底栖生物	8 月	凸壳肌蛤 江户明樱蛤	心形海胆 江户明樱蛤	丝异须虫 凸壳肌蛤	丝异须虫 江户明樱蛤	丝异须虫
潮间带生物	8 月	古氏滩栖螺 四角蛤蜊	薄壳绿螂 古氏滩栖螺	光滑篮蛤 古氏滩栖螺	短滨螺 四角蛤蜊	四角蛤蜊 红明樱蛤
鱼卵	5 月	斑鰶 多鳞鱚	斑鰶 鳀	斑鰶 绯䲗	斑鰶 多鳞鱚	斑鰶 鳀
	8 月	多鳞鱚 小带鱼	多鳞鱚 小带鱼	多鳞鱚 短吻红舌鳎	多鳞鱚 短吻红舌鳎	多鳞鱚 短吻红舌鳎
仔稚鱼	5 月	鲛 虾虎 sp.	鲛 多鳞鱚	多鳞鱚 鳀	鳀	鳀 鲛
	8 月	赤鼻棱鳀 鳀	赤鼻棱鳀 沙氏下鱵鱼	鳀 赤鼻棱鳀	鳀	鳀 赤鼻棱鳀
游泳动物	5 月	—	口虾蛄 日本鼓虾	玉筋鱼 戴氏赤虾	口虾蛄 日本褐虾	赤鼻棱鳀 鳀

注：“—”表示未开展该航次调查。

2023年山东省海洋生态预警监测报告

第二章
典型海洋生态系统状况

（一）河口

入海河口是海洋潮流和陆地径流共同作用下的滨海湿地和咸淡水交互区，区域内陆海相互作用强烈，是海陆物质交换、能量流动和海洋生物产卵、孵育、栖息和迁徙的重要区域，具有较高的生产力和物种多样性。

2023 年，对黄河口、小清河口、挑河口、白浪河口、北胶莱河口、界河口、大沽河口 7 处重点河口生态系统开展监测。

1. 黄河口

黄河口海域位于莱州湾西北部，随黄河径流带来的大量的有机质和营养盐类，使该海域成为渤海初级生产力水平较高的海区。历史上该水域渔业资源丰富，是许多经济鱼、虾、蟹和贝类等海洋生物的产卵场、索饵场和育肥场，是我国重要的水产增养殖基地，对渤海、黄海渔业资源补充具有重要作用，同时也是渤海的重要生态功能区，在生物多样性保护与生态功能恢复方面具有重要的现实意义与价值。

岸滩特征　黄河口植被主要为芦苇、柽柳和盐地碱蓬，其中稀疏盐地碱蓬分布面积最大（图 2-1）。黄河口南岸和 1996 年黄河口故道之间植被类型复杂多样，不仅包括不同盖度的芦苇、盐地碱蓬和柽柳，还包括 3 种典型植被的混生区。黄河口北侧滩涂有稀疏柽柳分布，黄河口入海口门处有小面积芦苇分布。黄河口湿地潮沟众多，滩涂环境复杂多样。

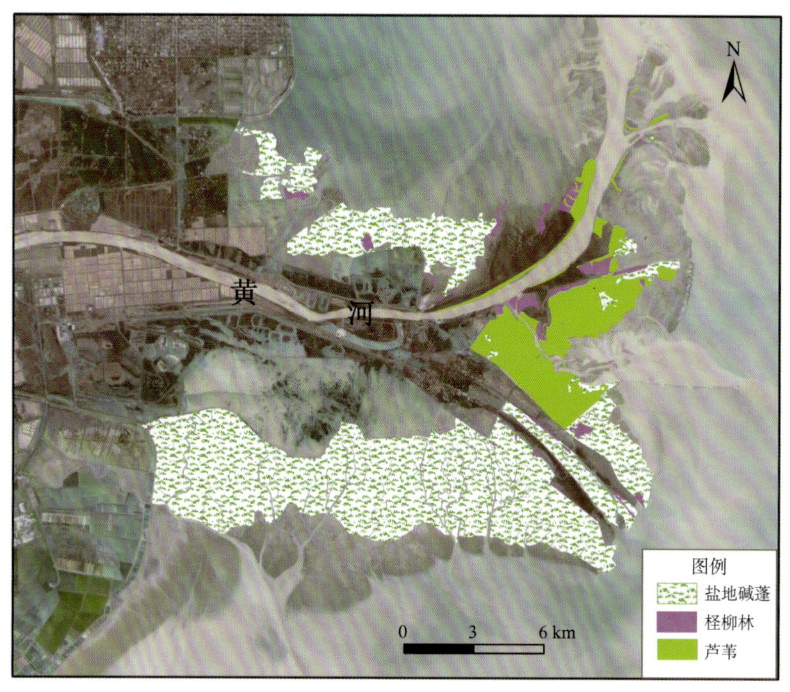

图 2-1　黄河口典型植被类型分布示意图

浮游植物　2023 年 5 月，黄河口海域共监测到浮游植物 27 种，低于 2022 年同期，分别隶属于硅藻门、甲藻门，其中硅藻 25 种，占浮游植物种类组成的 89.3%；甲藻 2 种，占浮游植物种类组成的 7.1%。优势种为斯氏几内亚藻、夜光藻、圆筛藻属，优势度分别为 0.365、0.182、0.021。浮游植物细胞密度均值为 58.07×10^4 个 /m^3，较 2022 年同期水平有所增加（图 2-2）。2023 年 8 月，黄河口海域共监测到浮游植物 56 种，高于 2022 年同期水平，隶属于硅藻门、甲藻门、金藻门，其中硅藻 51 种，占浮游植物种类组成的 91.07%；甲藻 4 种，占浮游植物种类组成的 7.14%；金藻门 1 种。优势种主要为尖刺伪菱形藻、中肋骨条藻、旋链角毛藻，优势度分别为 0.314、0.250、0.190。浮游植物细胞密度均值为 $1\,331.82 \times 10^4$ 个 /m^3，较 2022 年同期水平有所增加（图 2-3）。

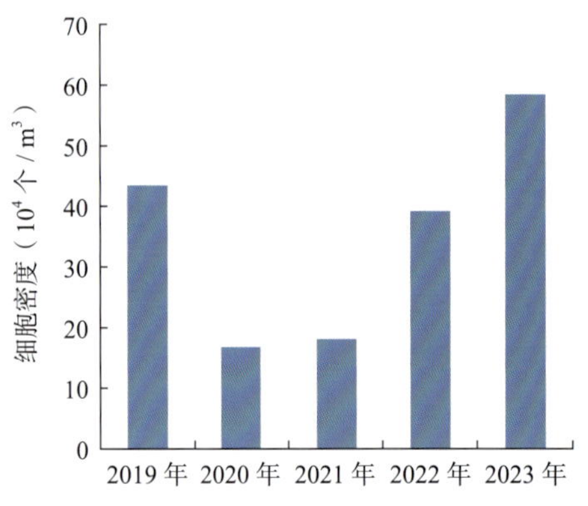

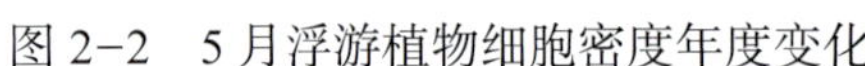
图 2-2　5 月浮游植物细胞密度年度变化

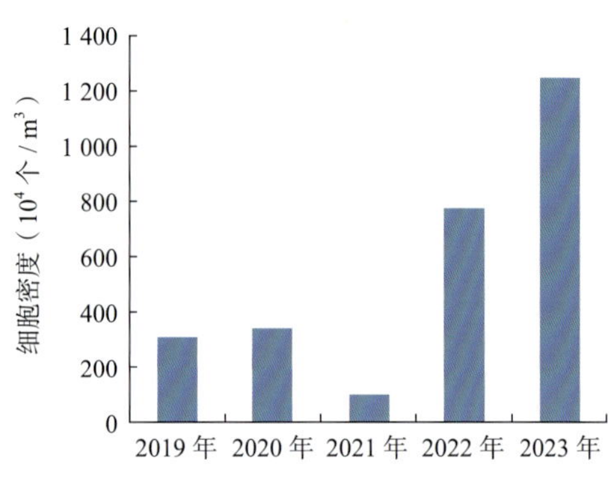

图 2-3　8 月浮游植物细胞密度年度变化

浮游动物　2023 年 5 月，黄河口海域共监测到浮游动物 29 种（类），低于 2022 年同期水平，分别隶属于 6 大类，其中桡足类 11 种，占浮游动物种类组成的 37.93%；浮游幼虫 11 种，占浮游动物种类组成的 37.93%；刺胞动物门 4 种，端足类 1 种，毛颚动物门 1 种，栉板动物门 1 种。优势种为中华哲水蚤、长尾类幼虫、强壮滨箭虫、嵊山秀氏水母，优势度分别为 0.371、0.220、0.140、0.023。浮游动物密度均值为 155.82 个 /m^3，低于 2022 年同期水平（图 2-4）。2023 年 8 月，黄河口海域共监测到浮游动物 51 种（类），略高于 2022 年同期水平，隶属于 9 大类，浮游幼虫 17 类，占浮游动物种类组成的 33.33%；其中桡足类 12 种，占浮游动物种类组成的 25.53%；刺胞动物门 16 种，占浮游动物种类组成的 31.37%；毛颚动物门、端足类、十足类、被囊类、枝角类、栉板动物门各 1 种。优势种为球型侧腕水母、强壮滨箭虫、幼螺、锡兰和平水母、长尾类幼虫、中华哲水蚤、细颈和平水母、蟹形和平水母，优势度分别为 0.533、0.061、0.046、0.036、0.032、0.032、0.030、0.024。浮游动物密度均值为 235.57 个 /m^3，高于 2022 年同期水平（图 2-5）。

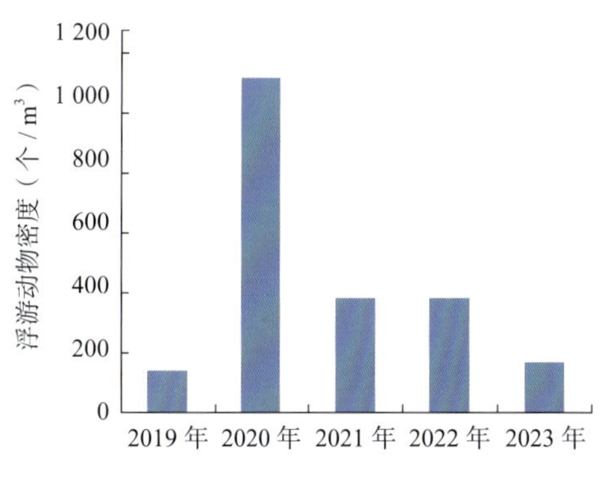

图 2-4 5 月浮游动物密度年度变化

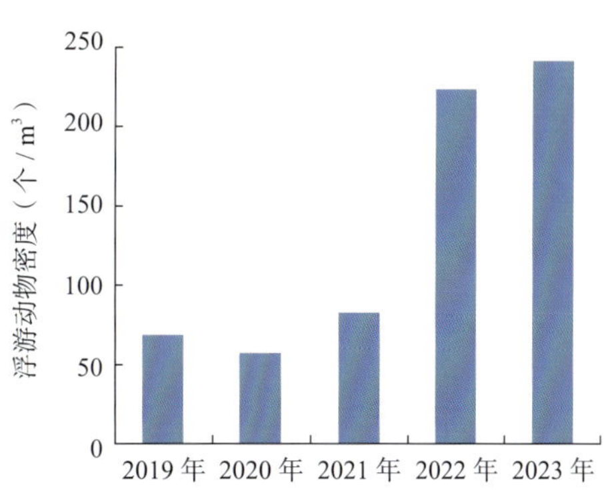

图 2-5 8 月浮游动物密度年度变化

大型底栖生物 2023 年 8 月，黄河口海域共监测到大型底栖生物 104 种，低于 2022 年同期水平，分别隶属于扁形动物门、环节动物门、棘皮动物门、脊索动物门、节肢动物门、纽形动物门、软体动物门，其中环节动物门 38 种，占大型底栖生物种类的 36.54%；软体动物门 37 种，占大型底栖生物种类的 35.58%；节肢动物门 22 种，占大型底栖生物种类的 21.15%；棘皮动物门、脊索动物门、纽形动物门各 2 种，扁形动物门 1 种（图 2-6）。优势种为短角双眼钩虾、棘刺锚参、凸壳肌蛤、寡节甘吻沙蚕，优势度分别为 0.069、0.038、0.034、0.024。大型底栖生物密度均值为 694.38 个 /m²，低于 2022 年同期水平（图 2-7）。

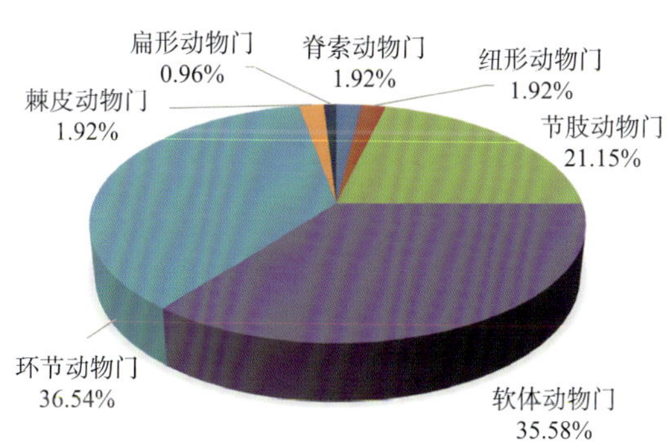

图 2-6 8 月大型底栖生物种类组成

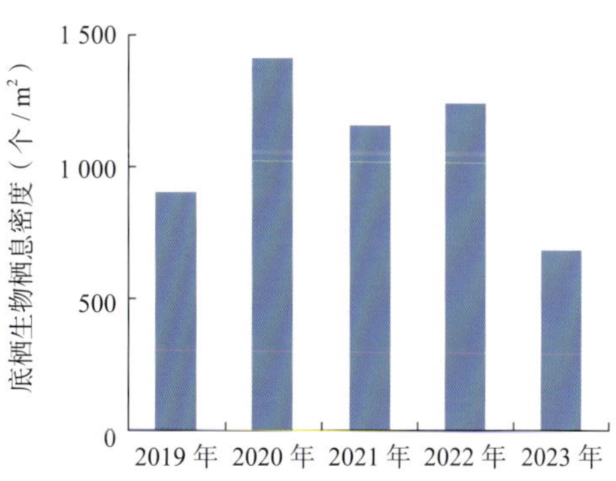

图 2-7 8 月大型底栖生物密度年度变化

游泳动物　2023 年 5 月，黄河口海域监测到游泳动物 45 种，低于 2022 年同期，其中鱼类 31 种，占游泳动物种类组成的 68.89%；甲壳类 10 种，占游泳动物种类组成的 22.22%；头足类 4 种，占游泳动物种类组成的 8.89%。调查海域游泳动物资源数量密度的变化范围为（4.91 ~ 201.44）$\times 10^3$ 个 / km^2，平均值为 44.44 $\times 10^3$ 个 / km^2，低于 2022 年同期水平。其中，鱼类资源数量密度为 30.43 $\times 10^3$ 个 / km^2；甲壳类资源数量密度为 10.62 $\times 10^3$ 个 / km^2；头足类资源数量密度为 3.40 $\times 10^3$ 个 / km^2。

盐度　2023 年 5 月，黄河口海域盐度的变化范围为 19.923 ~ 28.628，平均值为 26.267，高于 2022 年同期水平（图 2–8）；2023 年 8 月，盐度的变化范围为 19.162 ~ 30.114，平均值为 26.636，高于 2022 年同期水平（图 2–9）。

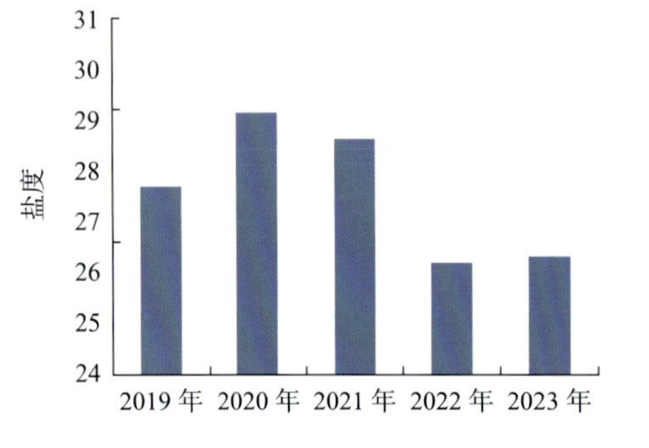

图 2–8　5 月盐度的年度变化

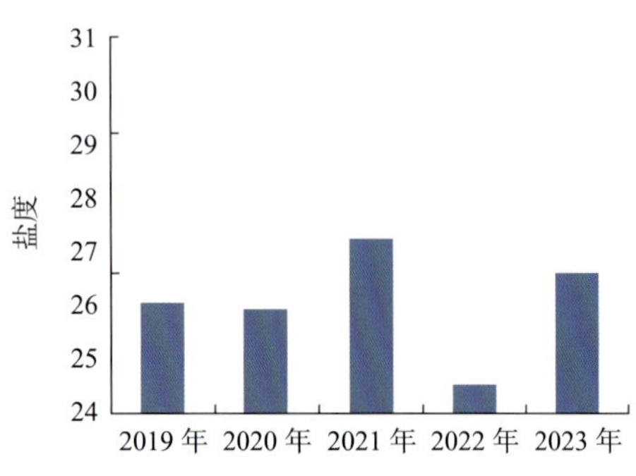

图 2–9　8 月盐度的年度变化

活性磷酸盐　2023 年 5 月，黄河口海域活性磷酸盐含量的变化范围为 0.000 360 ~ 0.013 4 mg/L，平均值为 0.003 01 mg/L，高于 2022 年同期水平（图 2–10）；2023 年 8 月，活性磷酸盐含量的变化范围为 0.000 360 ~ 0.010 2 mg/L，平均值为 0.003 50 mg/L，略高于 2022 年同期水平（图 2–11）。

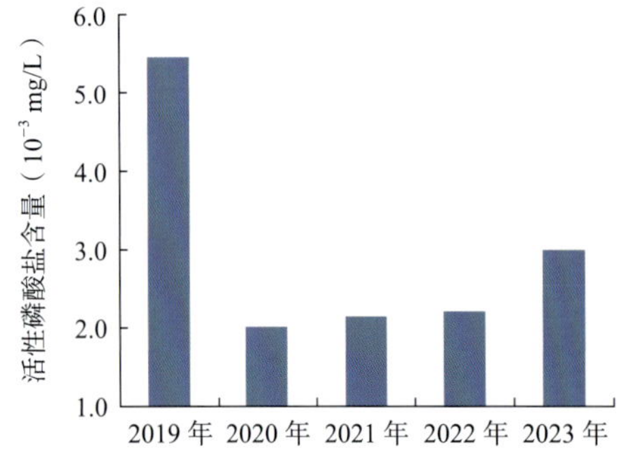

图 2–10　5 月活性磷酸盐含量的年度变化

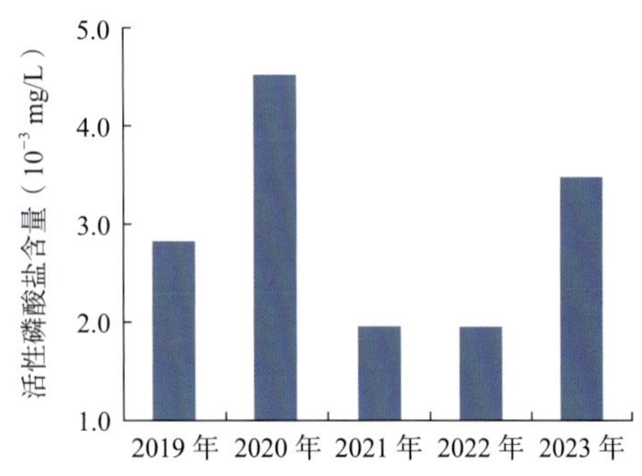

图 2–11　8 月活性磷酸盐含量的年度变化

无机氮　2023 年 5 月，黄河口海域无机氮含量的变化范围为 0.207 ~ 1.25 mg/L，平均值为 0.461 mg/L，高于 2022 年同期水平（图 2–12）。2023 年 8 月，无机氮含量的变化范围为 0.207 ~ 1.253 mg/L，均值为 0.279 mg/L，低于 2022 年同期水平（图 2–13）。

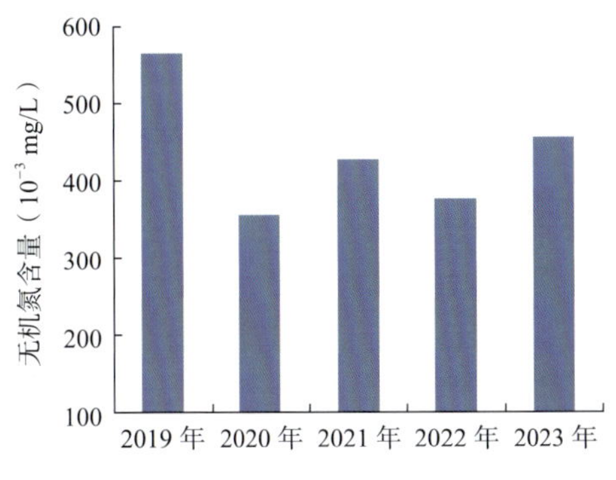

图 2–12　5 月无机氮含量的年度变化

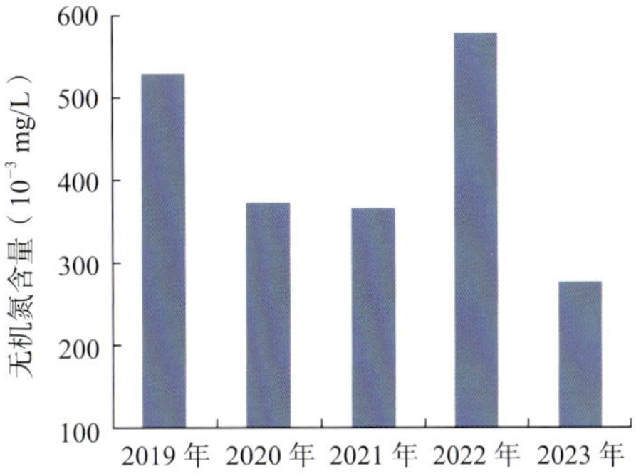

图 2–13　8 月无机氮含量的年度变化

有机碳　2023 年 8 月，黄河口海域沉积物有机碳含量的变化范围为 0.15% ~ 1.07%，平均值为 0.45%，高于 2022 年同期水平（图 2–14）。

硫化物　2023 年 8 月，黄河口海域沉积物硫化物含量的变化范围为（2.43 ~ 129.00）$\times 10^{-6}$，平均值为 38.44×10^{-6}，高于 2022 年同期水平（图 2–15）。

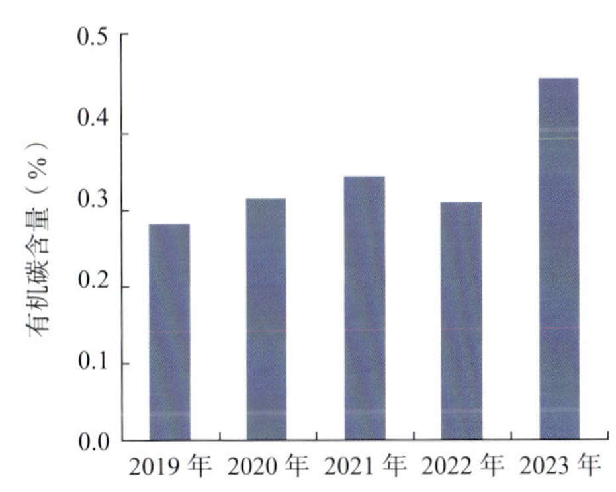

图 2–14　8 月沉积物有机碳含量的年度变化

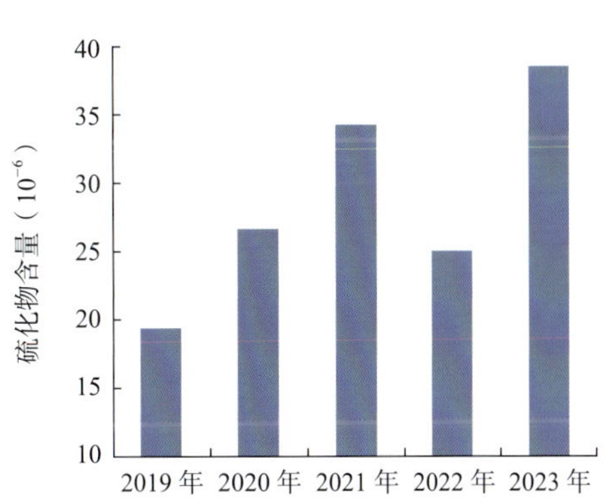

图 2–15　8 月沉积物硫化物含量的年度变化

粒度　2023 年 8 月，黄河口海域沉积物粒级为粉砂，黄河口附近海域的粉砂含量较高。

图 2-17 2023 年小清河口湿地典型植被类型分布示意图

浮游植物 2023 年 10 月，小清河口海域监测到浮游植物 15 种，隶属于硅藻、甲藻和金藻 3 个门类，其中硅藻 10 种，占浮游植物种类组成的 66.67%；甲藻 4 种，占浮游植物种类组成的 26.67%；金藻 1 种，占浮游植物种类组成的 6.67%（图 2-18）。浮游植物细胞密度均值为 88.98×10^4 个 / m^3。优势种为劳氏角毛藻、圆筛藻属、冕孢角毛藻、透明辐杆藻、旋链角毛藻和丹麦细柱藻，优势度分别为 0.186、0.166、0.087、0.055、0.022 和 0.022。浮游植物多样性指数变化范围为 1.48 ~ 2.49，平均值为 1.99；均匀度指数的变化范围为 0.67 ~ 0.88，平均值为 0.76；丰富度指数的变化范围为 0.25 ~ 0.63，平均值为 0.44。

浮游动物 2023 年 10 月，小清河口海域监测到浮游动物 11 种，隶属于 4 大类，其中桡足类 5 种，占种类组成的 45.45%；浮游幼虫 3 种，占种类组成的 27.27%；刺胞动物门 2 种，占种类组成的 18.18%；尾索动物门 1 种，占种类组成的 9.09%（图 2-19）。浮游动物密度均值为 44.30 个 /m^3。优势种为小拟哲水蚤、克氏纺锤水蚤和桡足类无节幼虫，优势度分别为 0.477、0.166 和 0.025。多样性指数的变化范围为 1.67 ~ 2.16，平均值为 1.92；均匀度指数的变化范围为 0.72 ~ 0.96，平均值为 0.84；丰富度指数的变化范围为 0.91 ~ 1.45，平均值为 1.13。多样性指数和丰富度指数均较低于 2022 年。

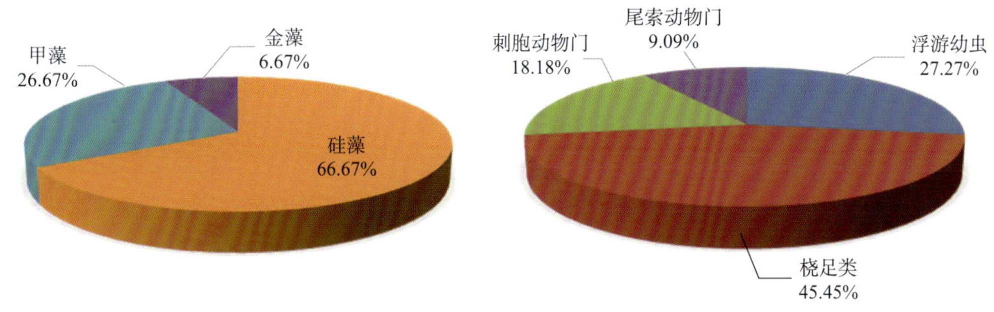

图 2-18　浮游植物种类组成　　图 2-19　浮游动物种类组成

生境　2023 年 10 月，小清河口海域水体盐度的变化范围为 7.499 ~ 25.810，溶解氧含量的变化范围为 6.70 ~ 9.30 mg/L，无机氮含量的变化范围为 0.064 9 ~ 2.59 mg/L，活性磷酸盐含量的变化范围为 0.002 69 ~ 0.065 8 mg/L，56.25% 的监测站位呈富营养化；沉积物类型包括粉砂质砂、砂质粉砂和粉砂。

3. 挑河口

挑河是东营市境内的一条河流，属于海河水系，是利津县 7 条骨干防洪排涝河道之一（图 2-20）。挑河流域是 1964 年 1 月黄河在罗家屋子改道后形成的一个

图 2-20　挑河口

排水区。1971—1975 年分期分段施工建成，为排涝、防潮河道，独流入海。上游自利津县陈庄镇薄扣村起，向北经渤海农场西、汀罗镇、河口区政府驻地东侧至刁口乡西北入海，全长 32.6 km，流域面积 504 km^2。

岸滩特征 挑河口植被主要以赤碱蓬为主（图 2–21）。潮沟密度为 5.9 km/km^2，潮沟频数为 55 条 / km^2。河道两侧多泥沙淤积现象，形成大面积岸滩。

图 2–21 2023 年挑河口湿地典型植被类型分布示意图

生物群落 2023 年 10 月，挑河口海域监测到浮游植物 19 种，主要类群为硅藻；监测到浮游动物 18 种，主要类群为桡足类；监测到大型底栖动物 22 种，主要类群为软体动物。生物群落结构总体稳定。

生境 2023 年 10 月，挑河口海域水体盐度的变化范围为 30.100 ~ 31.200，溶解氧含量的变化范围为 5.07 ~ 6.34 mg/L，无机氮含量的变化范围为 0.151 ~ 0.240 mg/L，活性磷酸盐含量的变化范围为 0.021 ~ 0.033 mg/L，各监测站位均呈富营养化。

4. 白浪河口

白浪河位于山东省潍坊市境内，流经昌乐、潍城、寒亭 3 县区，于寒亭央子镇入北部与弥河汇流入渤海莱州湾，长 127 km，流域面积 1 237 km^2（图 2–22）。

图 2–22　白浪河口

岸滩特征　白浪河设有防潮闸及挡浪坝，挡浪坝以下无植被分布。河道两侧淤积严重，航道较窄。白浪河北侧在最高潮时无裸露滩涂，区域内无潮沟分布。

生物群落　2023 年 10 月，白浪河口海域监测到浮游植物 21 种，主要类群为硅藻；监测到浮游动物 9 种，主要类群为桡足类。生物群落结构总体稳定。

生境　2023 年 10 月，白浪河口海域水体盐度的变化范围为 24.599 ~ 25.298，溶解氧含量的变化范围为 8.43 ~ 9.15 mg/L，无机氮含量的变化范围为 0.215 ~ 0.630 mg/L，活性磷酸盐含量的变化范围为 0.004 03 ~ 0.009 40 mg/L，33.33% 的监测站位呈富营养化；沉积物类型包括砂、粉砂质砂和粉砂。

5. 北胶莱河口

胶莱河是山东省东部的重要河流，流经半岛西部、泰沂山脉与昆嵛山脉之间，全长 134 km（图 2-23）。该河分南、北两段，以胶州市姚家为分水岭，北胶莱河西北向注入渤海莱州湾，有泽河、白沙河、柳沟河、五龙河、漩河、龙王河等汇入，长 103.5 km；南胶莱河向南注入胶州湾，有胶河、清水河、墨水河、碧沟河等汇入，长 30.5 km。北胶莱河口属泥质平原类型海岸，潮汐属非正规半日潮，一般高潮水位 1 m，低潮水位 0.6 m。

图 2-23　北胶莱河口

岸滩特征　北胶莱河口植被主要为互花米草、赤碱蓬和艾蒿（图 2-24）。潮沟密度为 6.1 km/km^2，潮沟频数为 65 条 /km^2。

生物群落　2023 年 10 月，北胶莱河口海域监测到浮游植物 8 种，主要类群为硅藻；监测到浮游动物 4 种，主要类群为桡足类。生物群落结构总体稳定。

生境　2023 年 10 月，北胶莱河口海域水体盐度的变化范围为 27.209 ~ 28.254，溶解氧含量的变化范围为 8.93 ~ 10.94 mg/L，无机氮含量的变化范围为 0.010 6 ~ 0.572 mg/L，活性磷酸盐含量的变化范围为 0.001 34 ~ 0.0537 mg/L，水体状况较好，无富营养化现象；沉积物类型为砂。

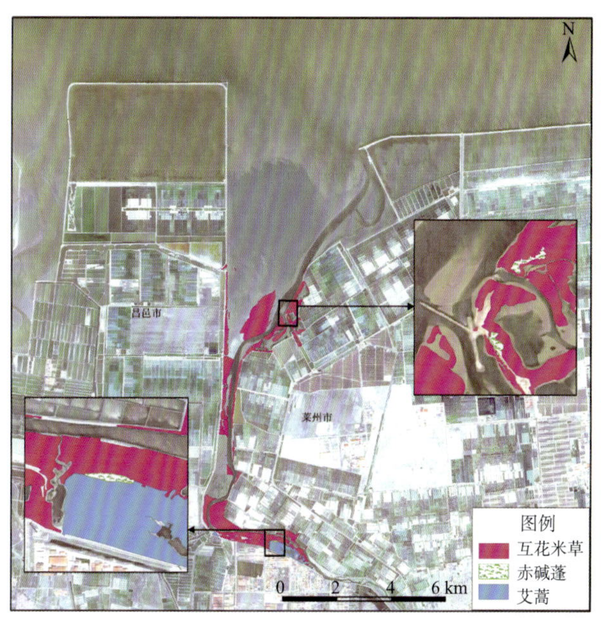

图 2-24　2023 年北胶莱河口湿地典型植被类型分布示意图

6. 界河口

界河发源于招远市城西南 11.5 km 铁夼村西的尖尖山西麓，经齐山镇、张星镇、辛庄镇从东良村东北注入渤海（图 2-25）。全长 45 km，河床宽 100 m，流域面积 576.8 km^2，占招远市总流域面积的 42.25%，主要支流有罗山河、钟离河、单家河等。

图 2-25　界河口

岸滩特征 界河口植被主要为芦苇和柽柳（图 2–26）。潮沟密度为 14.0 km/km^2，潮沟频数为 205 条 /km^2。

生物群落 2023 年 10 月，界河口海域监测到浮游植物 37 种，主要类群为硅藻；监测到浮游动物 23 种，主要类群为桡足类和浮游幼虫；监测到大型底栖动物 40 种，主要类群为环节动物。生物群落结构总体稳定。

生境 2023 年 10 月，界河口海域水体盐度的变化范围为 28.409 ~ 29.619，溶解氧含量的变化范围为 7.42 ~ 8.49 mg/L，无机氮含量的变化范围为 0.105 ~ 0.217 mg/L，活性磷酸盐含量的变化范围为 0.001 35 ~ 0.003 00 mg/L，水体状况较好，无富营养化现象；沉积物类型包括砂质粉砂和粉砂。

图 2–26　2023 年界河口湿地典型植被类型分布示意图

7. 大沽河口

大沽河地处山东省胶东半岛的西部，发源于招远市东北部的阜山，横穿青岛市中部，流经招远市、莱西市、平度市、即墨区、胶州市、城阳区 6 个市区，于胶州市营海街道办事处东营村入胶州湾，全长 199 km，流域面积约 6 205 km^2，主要支流有洙河、小沽河、五沽河、落药河、流浩河、桃源河等，是青岛市最大的水源地，被称为青岛市的“母亲河”。

岸滩特征　大沽河口包括泥质海岸 5.35 km^2，盐沼 0.45 km^2，河口植被主要为芦苇（图 2–27）。分布有潮沟 8 条，面积为 0.03 km^2。

生物群落　2023 年，大沽河口海域监测到浮游植物 27 种、浮游动物 26 种、大型底栖动物 28 种、潮间带动物 26 种、游泳动物 27 种、湿地鸟类 23 种。海洋生物种类丰富，生物多样性较好。鱼卵、仔稚鱼的密度较 2022 年同期水平有明显提升，渔业资源状态稳定。

生境　2023 年 8 月，大沽河口海域水体盐度的变化范围为 25.072 ~ 28.776，溶解氧含量的变化范围为 6.72 ~ 7.09 mg/L，无机氮含量的变化范围为 0.192 ~ 0.437 mg/L；沉积物类型以粉砂质砂为主。

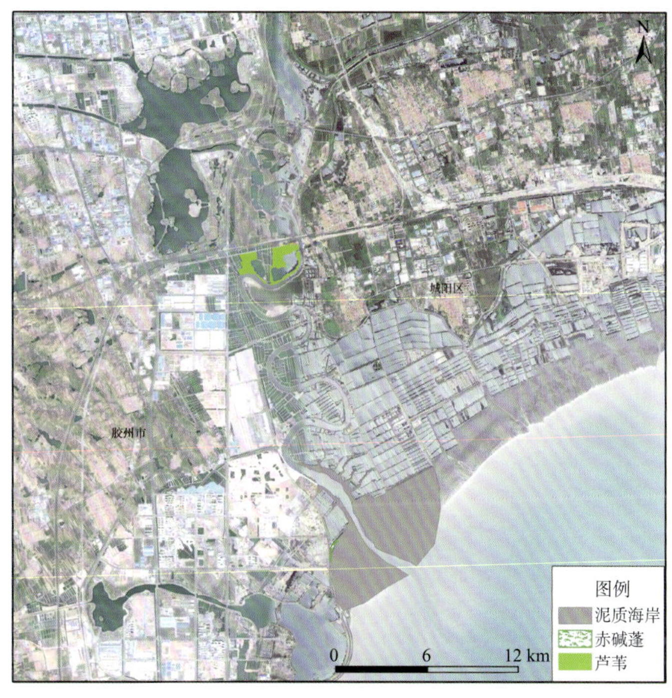

图 2–27　2023 年大沽河口海岸带生态类型分布示意图

（二）海湾

海湾生态系统是海水与陆地径流交汇的复杂生境交错带。海湾中分布着河口、湿地、潟湖、潮间带等自然生境类型，环境基础多样，营养物质丰富，是地球上单位面积生物生产力最高的区域之一。

2023 年，对莱州湾、胶州湾和丁字湾 3 处重点海湾生态系统开展监测。

1. 莱州湾

自然环境概况　莱州湾位于渤海的南部，是渤海的 3 个主要湾之一，占渤海总面积的 10%，海底地形较平坦，坡度平缓（图 2–28）。莱州湾是我国重要的渔业生产基地，为人类提供了大量的水产品。

图 2–28　莱州湾

莱州湾大部分水深在 10 m 以内，自西向东、自南向北逐渐变深，最大水深 18 m，海岸线长约 319.06 km，面积约 6 966.93 km^2，居山东省海湾之冠。莱州湾西段常年受黄河泥沙堆积影响强烈，潮滩宽度最长达到 7 000 m，而与之相对的东段由于受影响较小，潮滩宽度为 500 ~ 1 000 m。同时，由于黄河泥沙的大量携入和潍河、胶莱河、白浪河以及弥河等河流的影响，莱州湾海底泥沙堆积速度很快，形成了粉砂淤泥质海岸。

浮游植物　2023 年 5 月，莱州湾海域监测到浮游植物 37 种，与 2022 年同期基本持平，隶属于硅藻门、甲藻门和绿藻门，其中硅藻 32 种，占浮游植物种类组成的 86.5%；甲藻 4 种，占种类组成的 10.8%；绿藻 1 种。浮游植物细胞密度变化范围为（2.47 ~ 613.80）$\times 10^4$ 个 /m^3，平均细胞密度为 46.37 $\times 10^4$ 个 /m^3，低于 2022 年同期水平（图 2–29）。优势种主要为斯氏几内亚藻和夜光藻，优势度分别为 0.513 和 0.131。5 月，浮游植物多样性指数变化范围为 0.24 ~ 3.15，平均值为 1.06，略低于 2022 年同期水平，近 5 年来，莱州湾浮游植物多样性指数整体呈下降趋势。

2023 年 8 月，莱州湾海域内监测到浮游植物 51 种，与 2022 年同期水平基本持平，隶属于硅藻门和甲藻门，其中硅藻 46 种，占浮游植物种类组成的 90.2%；甲藻 5 种，占种类组成的 9.8%。浮游植物细胞密度变化范围为（0.27 ~ 11 090.93）$\times 10^4$ 个 /m^3，平均细胞密度为 645.52 $\times 10^4$ 个 /m^3，高于 2022 年同期水平（图 2–30）。优势种主要为旋链角毛藻、尖刺伪菱形藻和中肋骨条藻，优势度分别为 0.185、0.184 和 0.056。8 月，浮游植物多样性指数变化范围为 1.56 ~ 3.53，平均值为 2.67，与 2022 年同期水平持平，近 5 年来，莱州湾浮游植物多样性指数相对稳定。

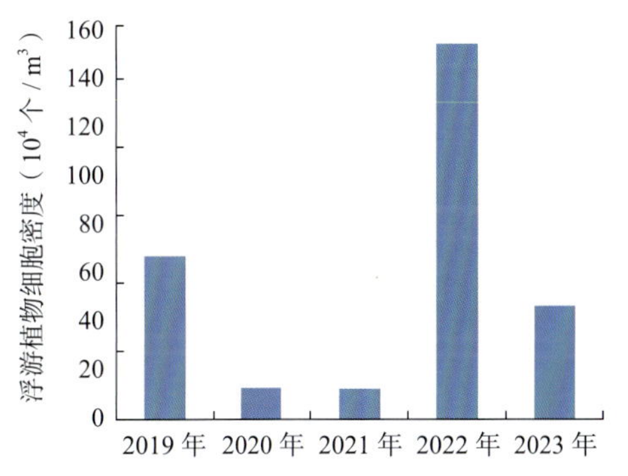

图 2–29　5 月浮游植物细胞密度年度变化

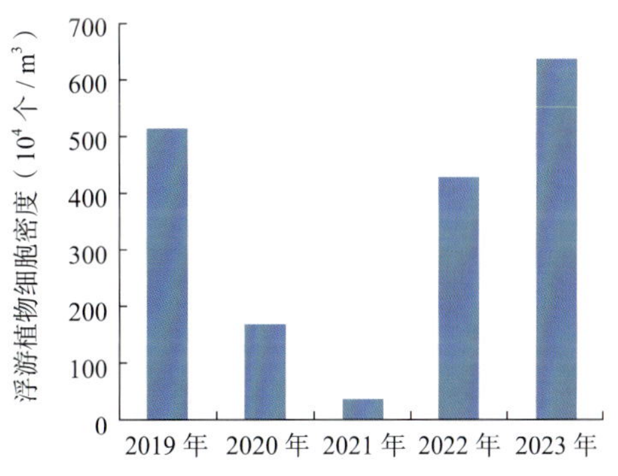

图 2–30　8 月浮游植物细胞密度年度变化

浮游动物 2023 年 5 月，莱州湾海域监测到浮游动物 33 种（类），低于 2022 年同期水平，隶属于 5 大类，其中桡足类 12 种，占浮游动物种类组成的 36.36%；浮游幼虫 10 种，占种类组成的 30.30%；刺胞动物门 8 种，端足类 2 种，毛颚动物门 1 种（图 2−31）。浮游动物密度的变化范围为 15.10 ~ 2 500.00 个 /m^3，平均密度为 278.57 个 /m^3，高于 2022 年同期水平，近 5 年数量波动幅度较大（图 2−32）。优势种为中华哲水蚤和强壮滨箭虫，其优势度分别为 0.187 和 0.087。多样性指数的变化范围为 0.54 ~ 3.18，均值为 1.90，低于 2022 年同期水平。

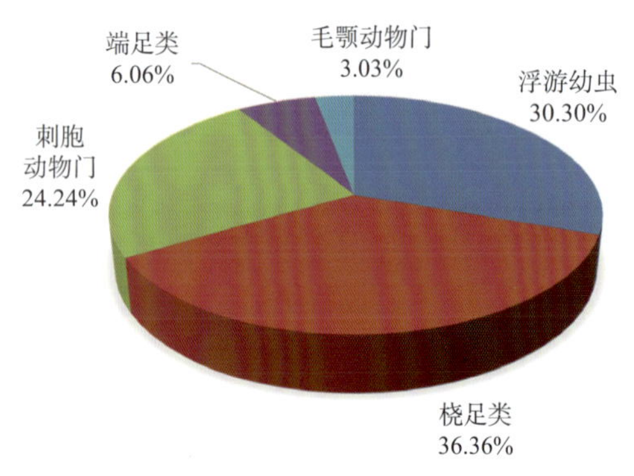

图 2−31　5 月浮游动物种类组成

图 2−32　5 月浮游动物密度年度变化

2023 年 8 月，莱州湾海域监测到浮游动物 39 种（类），略低于 2022 年同期水平，浮游动物隶属于 9 大类，其中桡足类 13 种，占浮游动物种类组成的 33.33%；浮游幼虫 12 类，占种类组成的 30.77%；刺胞动物门 8 种，毛颚动物门、栉板动物门、端足类、枝角类、被囊类和十足类各 1 种（图 2−33）。浮游动物密度的变化范围为 21.80 ~ 448.30 个 /m^3，平均密度为 116.10 个 /m^3，与 2022 年同期水平基本持平（图 2−34）。优势种为球型侧腕水母和强壮滨箭虫等，优势度分别为 0.157 和 0.067。多样性指数的变化范围为 0.90 ~ 3.33，均值为 2.48，略低于 2022 年同期水平，近 5 年来，浮游动物多样性指数保持稳定且相对较高。

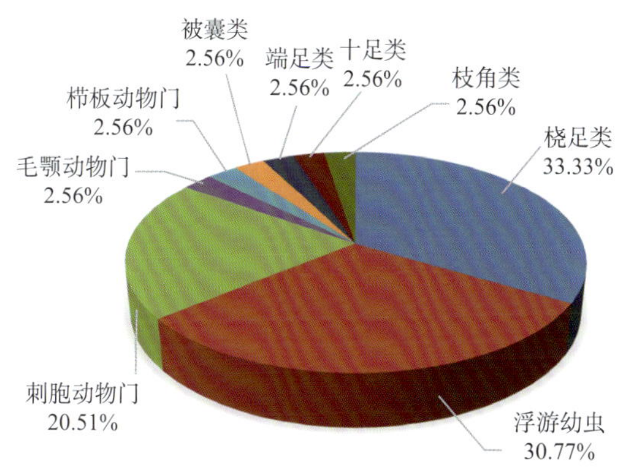

图 2-33　8 月浮游动物种类组成

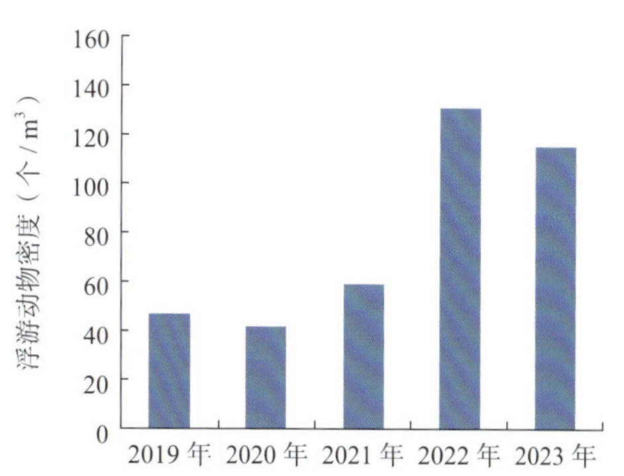

图 2-34　8 月浮游动物密度年度变化

大型底栖生物　2023 年 8 月，莱州湾海域监测到大型底栖动物 143 种，隶属于环节动物门、软体动物门、节肢动物门、棘皮动物门、纽形动物门、脊索动物门、扁形动物门、腕足动物门和刺胞动物门。其中环节动物门种类数最多，为 56 种，占大型底栖生物种类组成的 39.16%；软体动物门次之，为 47 种，占比 32.87%；节肢动物门 29 种，占比 20.28%；棘皮动物门 4 种，纽形动物门和脊索动物门各 2 种，扁形动物门、腕足动物门和刺胞动物门各 1 种（图 2-35）。优势种为心形海胆、短角双眼钩虾和江户明樱蛤。大型底栖生物种类数年度变化如图 2-36 所示。

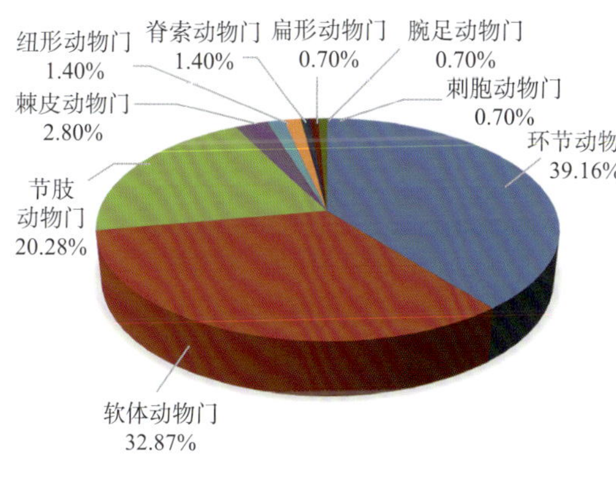

图 2-35　大型底栖生物种类组成

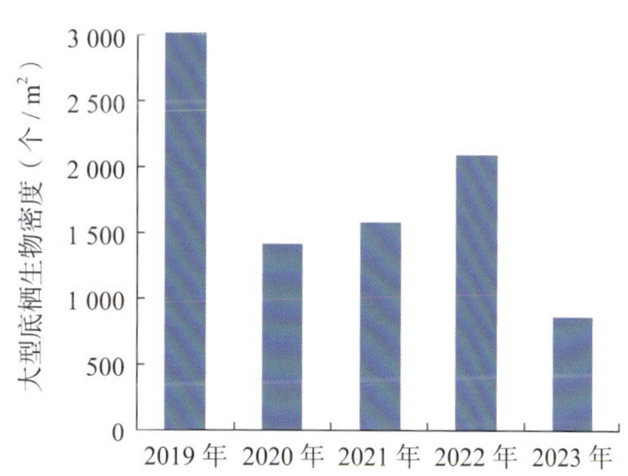

图 2-36　大型底栖生物种类数年度变化

鱼卵仔稚鱼　2023 年 5 月，莱州湾海域监测到鱼卵仔稚鱼 22 种，种类数高于 2022 年同期水平，优势种分别为鳀和斑鰶。黄河口及小清河口附近海域鱼卵及仔稚鱼密度相对较高，其余区域鱼卵及仔稚鱼密度均较低。

游泳动物 2023 年 5 月，莱州湾海域监测到游泳动物 56 种，其中鱼类 36 种，甲壳类 16 种，头足类 4 种。游泳动物资源重量密度的变化范围为 34.39 ~ 2 875.36 kg/km^2，平均值为 415.22 kg/km^2，略高于 2022 年同期水平；数量密度的变化范围为（4.91 ~ 201.44）× 10^3 个 /km^2，平均值为 42.21 × 10^3 个 /km^2，略低于 2022 年同期水平。

温度 2023 年 5 月，莱州湾海域表层水温的变化范围为 13.2 ~ 23.5℃，平均值为 17.1℃，低于 2022 年同期水平（图 2–37）。2023 年 8 月，调查海域表层水温的变化范围为 25.7 ~ 31.1℃，平均值为 28.4℃，与 2022 年同期水平基本持平（图 2–38）。

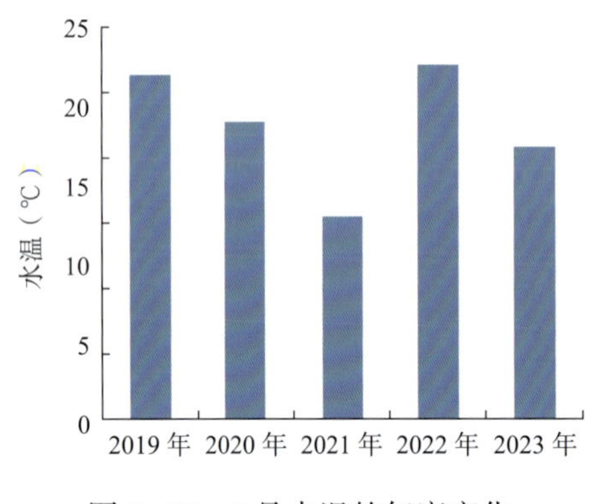

图 2–37 5 月水温的年度变化

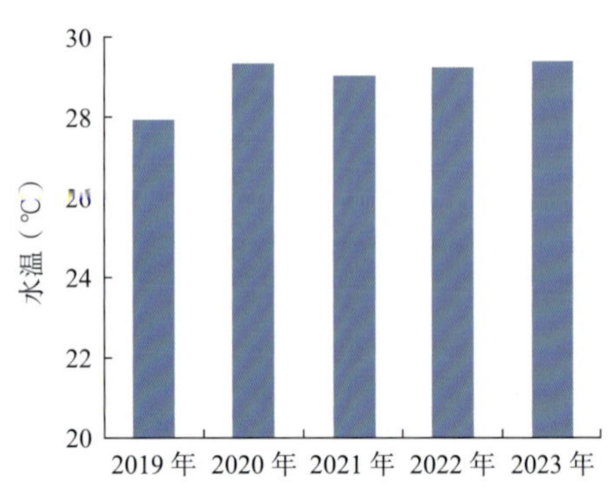

图 2–38 8 月水温的年度变化

盐度 2023 年 5 月，莱州湾海域盐度的变化范围为 19.923 ~ 29.158，平均值为 26.529，略低于 2022 年同期水平，近 5 年整体呈下降趋势（图 2–39）。2023 年 8 月，调查海域盐度的变化范围为 19.834 ~ 29.562，平均值为 27.718，高于 2022 年同期水平，近 5 年来波动较大（图 2–40）。

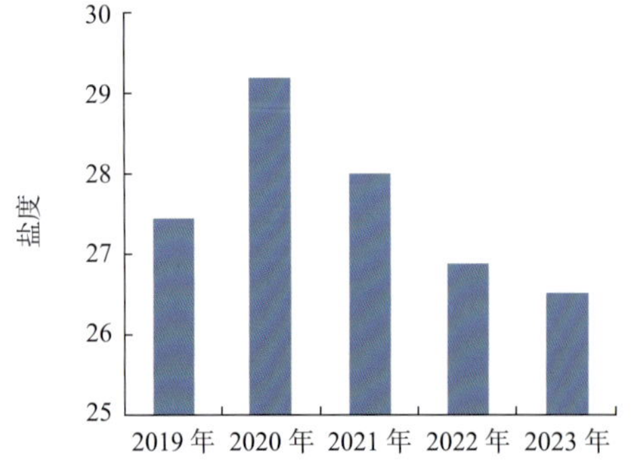

图 2–39 5 月盐度的年度变化

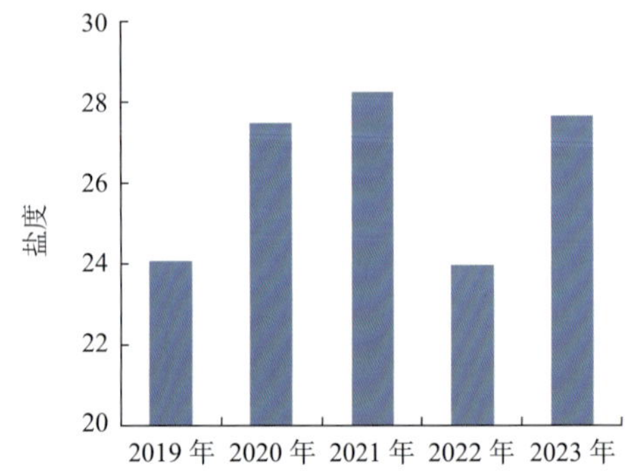

图 2–40 8 月盐度的年度变化

活性磷酸盐　2023 年 5 月，莱州湾海域活性磷酸盐含量的变化范围为未检出 ~ 0.009 70 mg/L，平均值为 0.002 20 mg/L，与 2022 年同期水平基本持平（图 2–41）。2023 年 8 月，调查海域活性磷酸盐含量的变化范围为未检出 ~ 0.014 mg/L，平均值为 0.004 90 mg/L，高于 2022 年同期水平，为近 5 年来磷酸盐平均含量的最高值（图 2–42）。

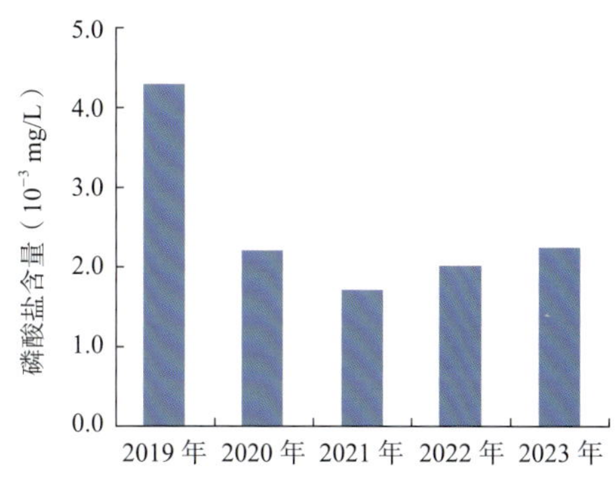

图 2–41　5 月活性磷酸盐含量的年度变化

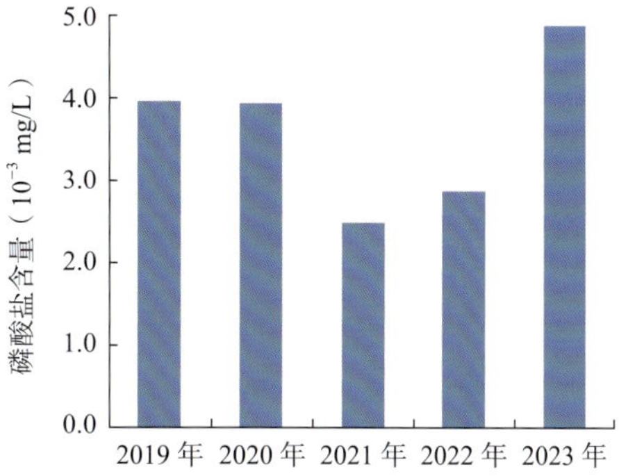

图 2–42　8 月活性磷酸盐含量的年度变化

无机氮　2023 年 5 月，莱州湾海域无机氮含量的变化范围为 0.030 5 ~ 1.25 mg/L，平均值为 0.361 mg/L，略高于 2022 年同期水平（图 2–43）。2023 年 8 月，调查海域无机氮含量的变化范围为 0.010 3 ~ 0.956 mg/L，平均值为 0.142 mg/L，为近 5 年来无机氮含量最低的一年（图 2–44）。

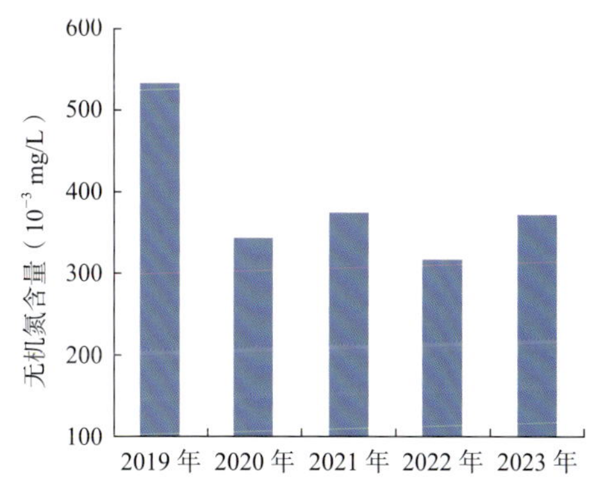

图 2–43　5 月无机氮含量的年度变化

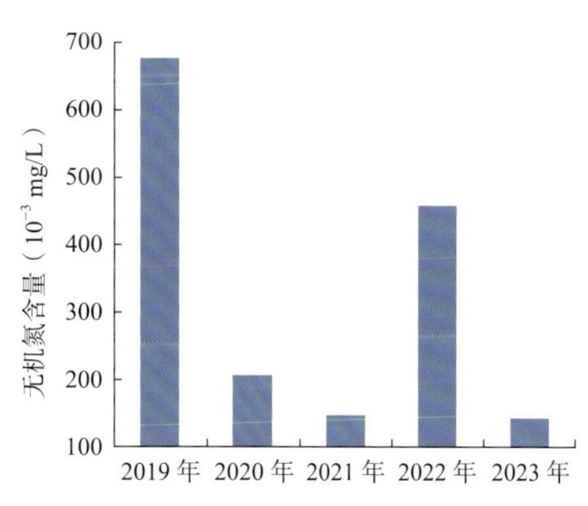

图 2–44　8 月无机氮含量的年度变化

有机碳　2023 年 8 月，莱州湾海域沉积物有机碳含量的变化范围为 0.08% ~ 1.17%，平均值为 0.42%，略高于 2022 年同期水平，近 5 年沉积物有机碳含量总体呈上升趋势（图 2–45）。

硫化物 2023 年 5 月，莱州湾海域沉积物硫化物含量的变化范围为（2.39 ~ 586）$\times 10^{-6}$，平均值为 68.4 $\times 10^{-6}$，远高于 2022 年同期水平，为近 5 年来沉积物硫化物含量的最高值（图 2–46）。

粒度 2023 年 8 月，黄河口附近海域沉积物以粉砂为主，小清河口附近海域与湾底部分海域以粉砂质砂为主，其他海域为砂质粉砂。

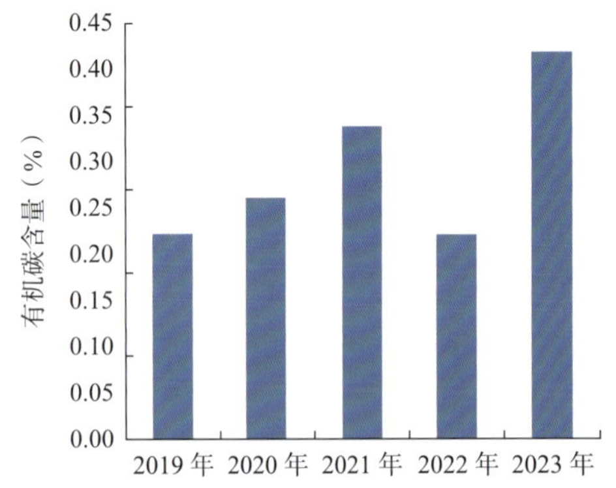

图 2–45 8 月沉积物有机碳含量的年度变化

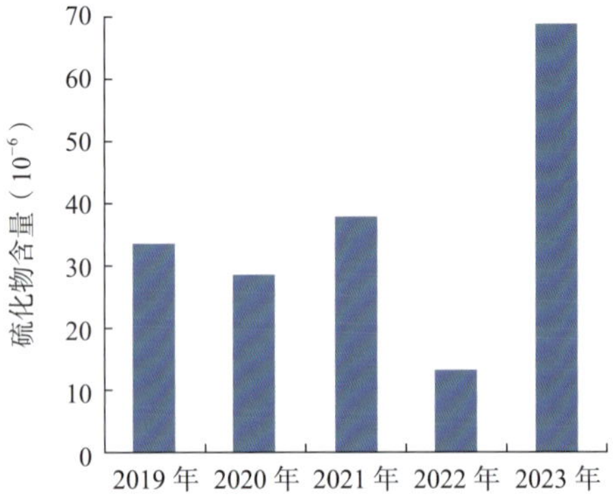

图 2–46 8 月沉积物硫化物含量的年度变化

专栏二 莱州湾海洋生态系统野外科学观测研究站获批建设

2023 年 12 月 11 日，自然资源部办公厅发布《关于公布野外科学观测研究站建设名单的通知》（自然资办发〔2023〕54 号），省海洋资源与环境研究院联合自然资源部海洋减灾中心申报的莱州湾海洋生态系统野外科学观测研究站（以下简称“野外站”）获批建设。

野外站依托省海洋资源与环境研究院东营实验基地，聚焦莱州湾海洋生态系统，辐射海岸带、黄河三角洲及邻近渤海海域，围绕黄河流域生态保护和高质量发展等国家战略需求，持续开展陆海相互作用综合观测和研究，形成长时序连续观测数据和成果，进行数据和观测平台与实验设施的开放共享。野外站建设将为海湾生态系统综合管理及生态产品价值实现，服务生态文明建设，提供技术支撑和示范引领。

2. 胶州湾

自然环境概况　胶州湾位于黄海之滨，山东半岛南岸，是与黄海相通的半封闭海湾（图 2−47）。海域面积约 370.6 km^2，湾口狭小，最窄处仅有 2.5 km。海湾水深较浅，平均 7 m，湾口最深处为 64 m。胶州湾有泥质海岸、牡蛎礁等多种生态类型。胶州湾沿岸有墨水河、白沙河、大沽河、洋河等多条河流流入，生物多样性资源丰富。

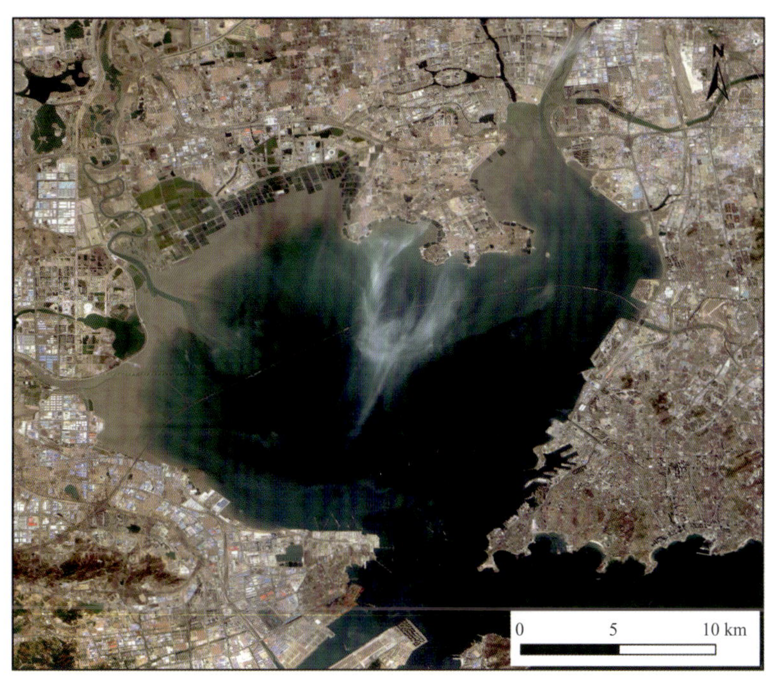

图 2−47　胶州湾

浮游植物　2023 年 8 月，胶州湾海域监测到浮游植物 69 种，其中硅藻 55 种，占浮游植物种类组成的 79.7%；甲藻 14 种，占种类组成的 20.3%。浮游植物细胞密度的变化范围为（108.50 ~ 15 198.62）× 10^4 个 /m^3，平均密度为 4 037.94 × 10^4 个 /m^3。主要优势种为浮动弯角藻、旋链角毛藻、中肋骨条藻、尖刺伪菱形藻。浮游植物多样性指数的变化范围为 0.03 ~ 2.46，平均值为 1.35；均匀度的变化范围为 0.01 ~ 0.52，平均值为 0.29；丰富度的变化范围为 0.58 ~ 1.31，平均值为 0.99。

浮游动物 2023 年 8 月，胶州湾海域监测到浮游动物 45 种，隶属于 9 个类群；其中浮游幼虫最多（17 种），其次为桡足类 11 种，水母类 8 种，其他类群种类较少。生物密度的变化范围为 26.04～2 412.50 个 /m^3，平均密度为 599.08 个 /m^3；生物量的变化的变化范围为 13.54～1 192.50 mg/m^3，平均生物量为 285.22 mg/m^3。优势种为肥胖三角溞、小拟哲水蚤、长尾类幼体、太平洋纺锤水蚤、强壮箭虫。多样性指数的变化范围为 1.41～3.53，平均值为 2.86；均匀度的变化范围为 0.31～0.95，平均值为 0.71；丰度的变化范围为 0.94～2.63，平均值为 1.94；优势度的变化范围为 0.24～0.85，平均值为 0.52。

生境 2023 年 8 月，胶州湾海域盐度的变化范围为 23.794～30.915，溶解氧含量的变化范围为 5.79～ 11.52 mg/L，无机氮含量的变化范围为 0.030 7～2.58 mg/L，活性磷酸盐含量的变化范围为 0.002 06～ 0.124 mg/L；沉积物类型以砂质粉砂为主，局部发育粗颗粒砾石。与前 5 年同期相比，生境指标稳中趋好。

3. 丁字湾

自然环境概况 丁字湾位于山东半岛南部，为狭长的半封闭海湾，由上游五龙河口段和口外海滨段组成（图 2-48）。丁字湾海域面积约 58.5 km^2，岸线长度 157.8 km，湾内水深较浅，大部分区域水深为 2～5 m，湾口最深处可达 20 m。海湾包括泥质海岸 10.3 km^2、盐沼 0.5 km^2、砂质海岸 1.8 km^2。

浮游植物 2023 年 8 月，丁字湾海域监测到浮游植物 19 种，隶属于硅藻、甲藻两个类群，其中硅藻 17 种，占浮游植物种类组成的 89%；甲藻 2 种，占种类组成的 11%；浮游植物细胞密度的变化范围为（10.40～89.62）$\times 10^4$ 个 /m^3，平均密度为 32.8×10^4 个 /m^3。优势种为旋链角毛藻、中肋骨条藻和具槽帕拉藻。多样性指数的变化范围为 2.11～3.01，平均值为 2.59；均匀度的变化范围为 0.79～0.91，平均值为 0.86；丰富度的变化范围为 0.98～1.62，平均值为 1.29；优势度的变化范围为 0.41～0.65，平均值为 0.53。

图 2-48　丁字湾

浮游动物　2023 年 8 月，丁字湾海域监测到浮游动物 19 种，其中节肢动物 4 种，占浮游动物种类组成的 21%；腔肠动物 5 种，占种类组成的 26%；毛颚动物 1 种，其他幼体类 9 种。生物量的变化范围为 13.8 ~ 456.3 mg/m^3，平均值为 133.7 mg/m^3；密度波动范围为 21.7 ~ 183.3 个 /m^3，平均值为 74.5 个 /m^3。优势种为捷氏歪水蚤、短尾类溞状幼虫、长尾类幼虫、磁蟹溞状幼虫等。多样性指数的变化范围为 1.60 ~ 3.01，平均值为 2.42；均匀度的变化范围为 0.51 ~ 0.93，平均值为 0.76；丰富度的变化范围为 1.38 ~ 2.08，平均值为 1.62；优势度的变化范围为 0.46 ~ 0.84，平均值为 0.60。

生境　2023 年 8 月，丁字湾海域盐度的变化范围为 23.960 ~ 30.189，溶解氧含量的变化范围为 6.72 ~ 7.85 mg/L，无机氮含量的变化范围为 0.325 ~ 0.433 mg/L，活性磷酸盐含量的变化范围为 0.017 8 ~ 0.034 7 mg/L；沉积物类型以砂和粉砂为主。

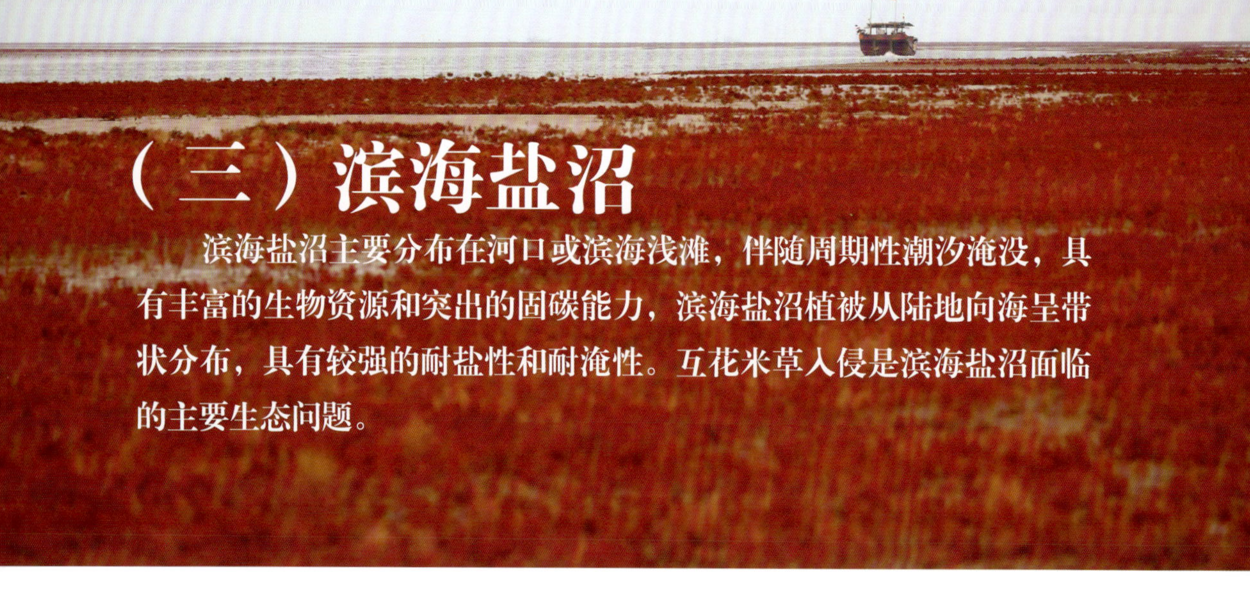

（三）滨海盐沼

滨海盐沼主要分布在河口或滨海浅滩，伴随周期性潮汐淹没，具有丰富的生物资源和突出的固碳能力，滨海盐沼植被从陆地向海呈带状分布，具有较强的耐盐性和耐淹性。互花米草入侵是滨海盐沼面临的主要生态问题。

2023 年，对莱州湾和胶州湾两处盐沼生态系统开展监测。

1. 莱州湾盐沼

分布及面积　莱州湾盐沼面积约 159.8 km^2，主要分布在莱州湾西部及南部区域（图 2−49）。

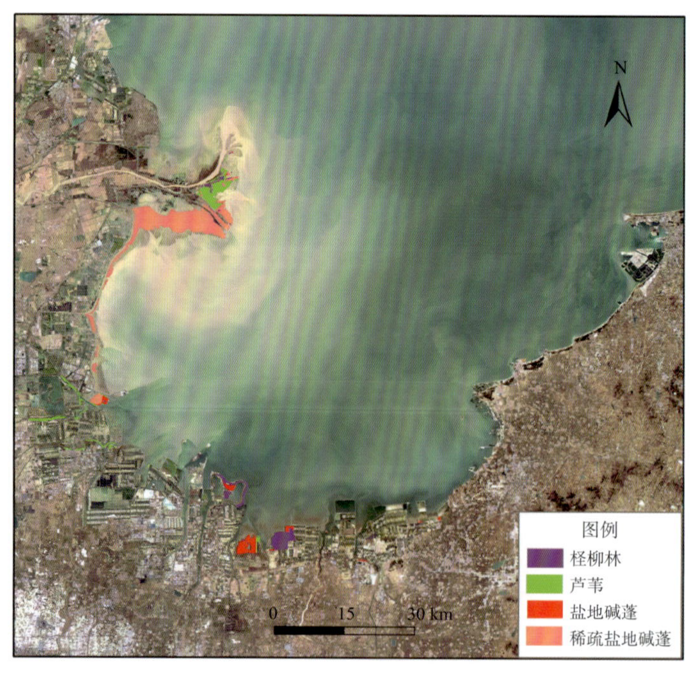

图 2-49　莱州湾盐沼分布示意图

盐沼植被　2023 年 9 月，莱州湾盐沼植被主要是盐地碱蓬、芦苇和柽柳。盐地碱蓬面积最大，为 113.2 km^2，其中，稀疏盐地碱蓬分布面积为 98 km^2，平均盖度为 7%，主要分布在黄河口及以南滩涂、广利河口，其他区域盐地碱蓬平均盖度为 75%，主要分布在虞河口东侧和广利河口等区域；其次是芦苇面积为 23.8 km^2，主要分布在黄河南岸、广利河口、支脉河口和小清河口等区域；柽柳林面积为 22.8 km^2，主要分布在黄河口、潍坊北海新区和昌邑虞河以东区域。

2. 胶州湾盐沼

分布及面积　胶州湾盐沼面积约 1.43 km^2，主要位于河口及滩涂区域。

盐沼植被　2023 年 10 月，胶州湾盐沼植被主要由芦苇及盐地碱蓬组成，其中芦苇面积最大，为 0.76 km^2，主要分布在大沽河、红岛滩涂、墨水河和白沙河的河道中；其次是盐地碱蓬面积为 0.67 km^2，主要分布在洋河口和红岛滩。

（四）海草床

海草是生活在海水中的高等被子植物。大面积分布的连片海草称为海草床，分布于热带和温带浅海，沿潮下带生长。海草床被称为“海底草原”，具有极高的生态服务功能，在净化海水水质、固碳增汇、维持海底底质稳定、海岸带防护等方面发挥着重要作用。

2023 年，对黄河口、双岛湾海草床生态系统开展监测；2022 年，对威海月湖及长岛海草床生态系统开展监测。

1. 黄河口海草床

分布及面积 2023 年 8 月，黄河口海草床总面积约 0.035 km^2，分为黄河口南北两处，其中黄河口南岸约 0.016 km^2，黄河口北岸约 0.019 km^2（图 2-50）。

海草 2023 年 8 月，黄河口海草种类以日本鳗草为主，海草床盖度均值为 36.1%。

图 2-50 海草床调查

生物群落　2023 年 8 月，黄河口南岸监测到浮游植物 38 种，浮游动物 42 种，底栖生物 47 种；黄河口北岸监测到浮游植物 34 种，浮游动物 59 种，底栖生物 30 种。海洋生物多样性保持较高水平，生物群落结构相对稳定。

2. 双岛湾海草床

分布及面积　2023 年 8 月，双岛湾海草床位于威海双岛湾内，面积约 0.319 km^2。

海草　2023 年 8 月，双岛湾海草种类以鳗草为主，平均盖度为 25.2%。

生物群落　2023 年 8 月，监测到浮游植物 27 种，浮游动物 56 种，底栖生物 28 种。海洋生物多样性保持较高水平，生物群落结构相对稳定。

3. 威海月湖海草床

分布及面积　2022 年 8 月，威海月湖海草床总面积 0.199 km^2，约占月湖总面积的 41.4%。

海草　2022 年 8 月，威海月湖海草种类以鳗草为主，盖度均值为 56.2%，其次是日本鳗草，平均盖度为 30.5%。

生物群落　2022 年 8 月，监测到浮游植物 15 种，浮游动物 15 种，底栖生物 6 种，海洋生物多样性保持较高水平，生物群落结构相对稳定。

4. 长岛海草床

分布及面积　2022 年 8 月，长岛海草床总面积 0.027 km^2，其中，庙岛海草床面积 0.026 7 km^2，小黑山岛海草床面积 0.000 3 km^2。

海草　2022 年 8 月，烟台长岛海草种类以鳗草为主，平均盖度为 81.93%，其次为丛生蔓草，盖度均值为 84.3%。

生物群落　2022 年 8 月，监测到浮游植物 5 种，浮游动物 10 种，底栖生物 26 种，海洋生物多样性保持较高水平，生物群落结构相对稳定。

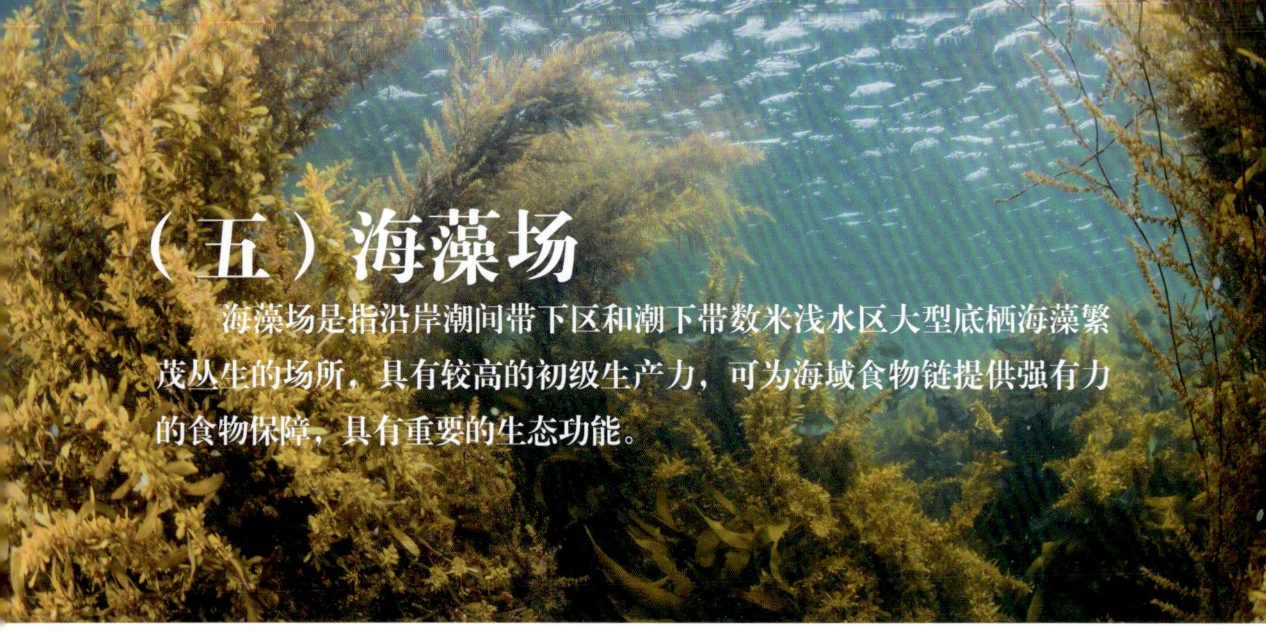

（五）海藻场

海藻场是指沿岸潮间带下区和潮下带数米浅水区大型底栖海藻繁茂丛生的场所，具有较高的初级生产力，可为海域食物链提供强有力的食物保障，具有重要的生态功能。

2023 年，对庙岛群岛海藻场生态系统开展监测；2022 年，对荣成海藻场生态系统开展监测。

典型海藻场如图 2-51 所示。

图 2-51　典型海藻场

1. 庙岛群岛海藻场

分布及面积[①]　庙岛群岛海藻场位于烟台市庙岛群岛海域，海藻场总面积约 0.614 km^2，各海岛均有分布（图 2-52）。

① 庙岛群岛海藻场综合采用 2022 年 6 月至 2023 年 7 月监测数据。

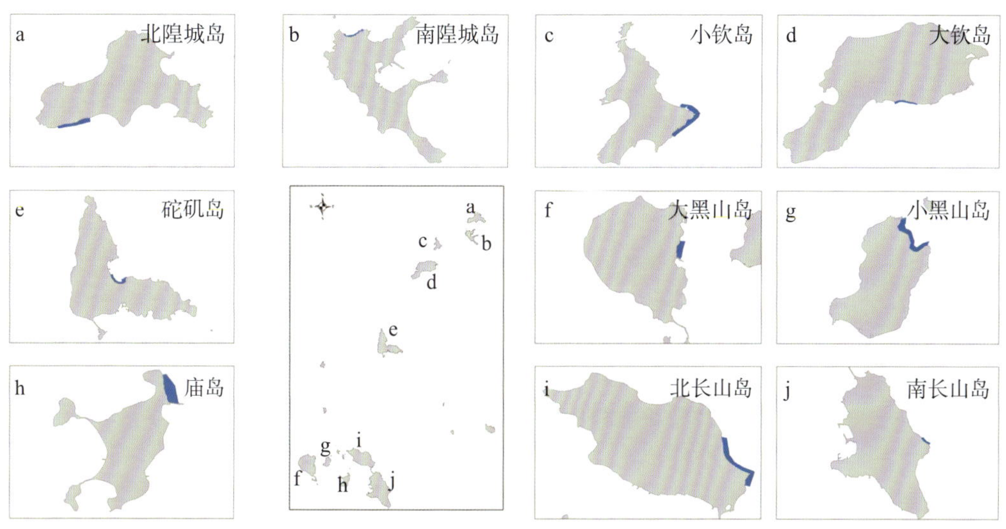

图 2–52　庙岛群岛海藻场分布示意图

海藻种类　调查发现大型海藻 34 种，其中，红藻 18 种，褐藻 12 种，绿藻 4 种，主要优势种为海带、裙带菜、海黍子、酸藻、石莼等（图 2–53）。

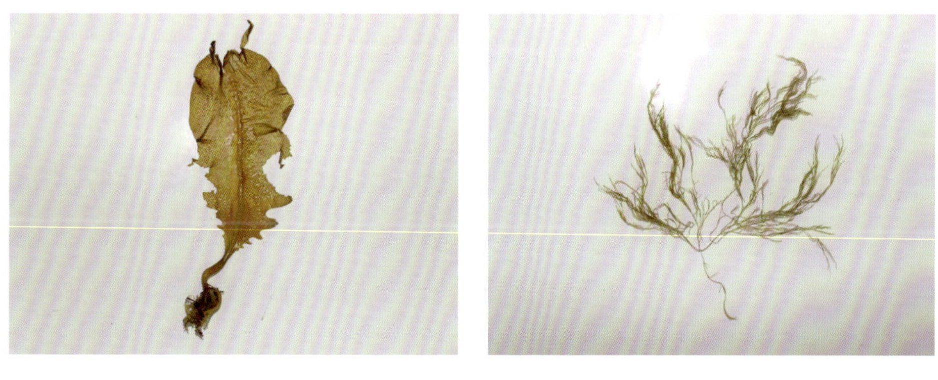

裙带菜　　酸藻

图 2-53　庙岛群岛海藻场的海藻优势种

2. 荣成海藻场[①]

分布及面积　荣成海藻场总面积约 0.048 km^2，主要分布于俚岛、褚岛海域。

海藻种类　俚岛海域发现大型海藻 12 种，其中，红藻 9 种，褐藻 2 种，绿藻

① 荣成海藻场采用了 2022 年 8—9 月监测数据。

1种，主要优势种为海膜、石花菜、石莼。褚岛海域发现大型海藻9种，其中，红藻5种，绿藻3种，褐藻1种，主要优势种为鼠尾藻、冈村凹顶藻、舌状蜈蚣藻、石莼（图2−54）。

石花菜

鼠尾藻

图2-54　荣成海藻场的海藻优势种

（六）牡蛎礁

牡蛎礁是由牡蛎聚集生长所形成的一种生物礁系统，在我国潮间带和浅水潮下带广泛分布，具有净化水体、提供栖息地、增加生物固碳能力、防止岸线侵蚀等重要生态功能。

2023 年，对黄河口和胶州湾两处牡蛎礁生态系统开展监测。

1. 黄河口牡蛎礁

分布及面积 黄河口牡蛎礁位于东营市黄河三角洲自然保护区内，主要由黄河口以北的一千二区块和南侧的大汶流区块组成，南部大汶流区块牡蛎种类主要为近江牡蛎，北部一千二区块牡蛎种类主要为长牡蛎。大汶流区块蛎礁约 0.012 km^2，礁体平均高度约为 0.10 m；一千二区块牡蛎礁约 0.030 km^2，礁体平均高度约为 0.15 m。

牡蛎礁 一千二区块牡蛎密度为 111 个 /m^2，补充量为 52 个 / m^2。壳高在 20 mm 以下的牡蛎占比约 47%，20 ~ 60 mm 的牡蛎占比约为 27%。

2. 胶州湾牡蛎礁

分布及面积 胶州湾潮间带牡蛎礁生态系统位于青岛胶州湾白泥地公园，主要有 3 种分布类型，分别为沿岸线礁石带分布的高潮带牡蛎聚集体、位于中潮带的牡蛎壳堆积体、位于中低潮带淤泥质滩涂的牡蛎零散分布区。2023 年 6 月，监测发现牡蛎礁面积约 0.42 km^2。

牡蛎礁 牡蛎物种为长牡蛎。高潮带牡蛎密度最高，中潮带次之，低潮带未采集到活体牡蛎。牡蛎个体普遍较小，壳高集中于 20 ~ 40 mm 之间。

（七）海岛

海岛生态系统是指在海岛与周边海域范围内的生物群落与环境组成的自然系统。海岛因其特殊的地理条件，形成了有别于一般陆域的独特的生态系统特征，构成了广袤海洋中一颗颗闪耀着异彩的海上明珠。

1. 庙岛群岛

分布与岸线 庙岛群岛位于胶东、辽东半岛之间，包含 151 个岛屿，岛陆面积 56.8 km^2，海域面积 3 541 km^2，海岸线 187.8 km。海岛岸线类型主要为基岩岸线、砾石岸线和人工岸线。

生物群落[①] 2023 年，庙岛群岛海域监测到浮游植物 62 种，以硅藻为主；监测到浮游动物 52 种，以桡足类、浮游幼虫和刺胞动物为主；监测到大型底栖生物 85 种，以环节动物和软体动物为主。海洋生物多样性保持较高水平，生物群落结构相对稳定。

① 庙岛群岛生物群落和生境指标综合采用 2023 年 5 月和 8 月监测数据。

生境　2023 年，庙岛群岛海域盐度的变化范围为 29.102 ~ 30.545，溶解氧含量的变化范围为 6.60 ~ 11.15 mg/L，无机氮含量的变化范围为 0.020 1 ~ 0.265 mg/L，活性磷酸盐含量的变化范围为未检出 ~ 0.026 5 mg/L，水质状况较好；沉积物类型包括砂、粉砂和黏土等，以粉砂为主。

专栏三　西太平洋斑海豹

西太平洋斑海豹是国家一级保护动物，被称为“海上大熊猫”，是唯一能在中国海域繁殖的鳍足类海洋哺乳动物，在我国主要分布在渤海和黄海北部，山东长岛海域是其重要的栖息地之一。调查显示，20 世纪 70 年代末 80 年代初，西太平洋斑海豹种群数量降至 1 200 头左右；1988 年被列为重点保护野生动物后，种群数量有所增加，近年来维持在 2 000 头左右。每年 3—5 月，成群结队的斑海豹从辽东湾洄游到长岛海域栖息，并且有 3 ~ 4 头斑海豹常年在此“定居”。

（八）砂质海岸

砂质海岸是指由松散、细软的物质，如细砂、粉砂和淤泥组成的海岸线。砂质海岸通常是在波浪的长期作用下形成，具有相对平直的特点，是包括水下岸坡、海滩、沿岸沙坝、海岸沙丘及潟湖等在内的完整地貌体系。

2023 年，对龙湾和日照两处砂质海岸生态系统开展监测。

1. 龙湾砂质海岸

分布及面积　龙湾砂质海岸位于青岛市西海岸区琅琊台东北，大珠山西，为岬湾弧型砂质海岸，弧形向东南开放，长度约 1.9 km，岸滩面积约为 0.2 km^2，沙滩剖面地形发育完整，潮间带滩面较为平缓，北部潮间带多发育波浪状微地貌，局部存在侵蚀陡坎（图 2–55）。

生态系统　龙湾砂质海岸潮间带生物种类丰富，群落结构较为稳定，多样性较好；沉积物类型以砂为主。

图 2–55　龙湾砂质海岸

2. 日照砂质海岸

分布及面积　日照砂质海岸生态系统北起白马河口，南至万平口潟湖海岸带区域，长约 31 km，面积约 12.7 km^2，内有河口湿地、潟湖和沙滩等多种生态类型。沙滩岸线约 20 km，海岸水清浪稳，沙滩面积较大，滩平沙细，以粉砂为主，自然砂质较好（图 2-56）。

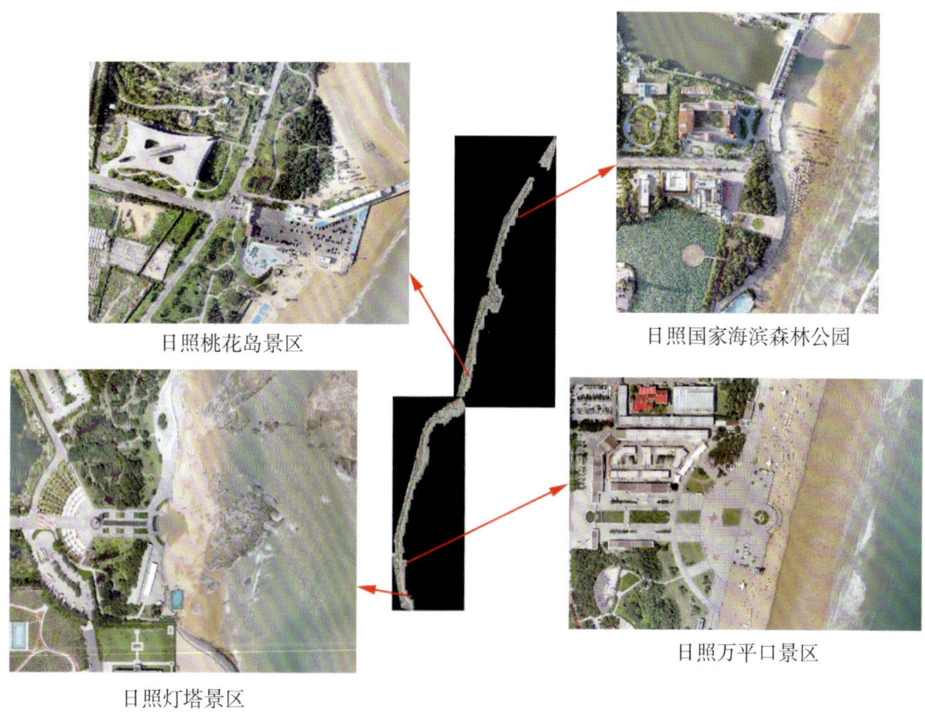

图 2-56　日照砂质海岸生态系统正射影像图

生态系统　日照砂质海岸生态系统整体较为稳定，湿地植被、鸟类及水生生物等资源丰富，近岸水域水质良好，生态健康水平趋向良性发展。

（九）泥质海岸

泥质海岸生态系统是以潮汐作用为主建造，以粉砂和黏土为主要组成物质，由内部生物群落及其环境所组成的自然生态系统，是海洋底栖生物以及鸟类的重要栖息场所。

1. 胶州湾泥质海岸

岸滩特征 胶州湾泥质海岸生态系统集中分布在胶州湾西部和北部湾底，面积约 89.6 km^2，岸滩范围内潮沟系统不发达。西侧断面高程为 0.5 ~ 2.8 m，北侧断面高程为 1.5 ~ 3.4 m，滩涂地势整体较为平缓（图 2−57）。

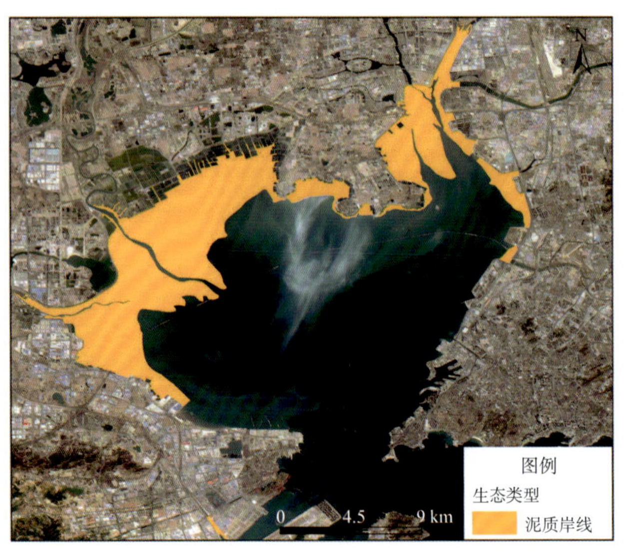

图 2−57　胶州湾泥质海岸分布示意图

生物群落 2023 年 10 月，胶州湾泥质海岸监测到大型底栖动物 23 种，主要优势种类为日本大眼蟹和双齿围沙蚕。

生境 胶州湾泥质海岸沉积物类型以黏土质粉砂为主。

第三章
海洋生态灾害与风险

（一）赤潮

2023年，山东省管辖海域全年累计发现赤潮2次，累计赤潮面积43 km²。5月10日，黄河口北部海域暴发夜光藻赤潮，面积约30 km²（图3-1）。8月16日，日照近岸海域暴发多环马格里夫藻赤潮，面积约13 km²。

图3-1　2023年5月黄河口北部海域夜光藻赤潮

2001—2023年，山东省管辖海域赤潮灾害发现次数共计87次，累计面积约13 127.99 km²（图3-2）。最早的赤潮记录是1952年出现在黄河口一带的夜光藻赤潮，记录面积为1 400 km²。1953—1988年间，没有赤潮记录；1989—2021年间，赤潮次数和面积呈显著波动变化。其中，2005年赤潮发生次数12次，为有记录以来最多的一年；赤潮总面积最大值出现在2021年，为3 805.63 km²，山东省管辖海域最常见的赤潮原因种为夜光藻。

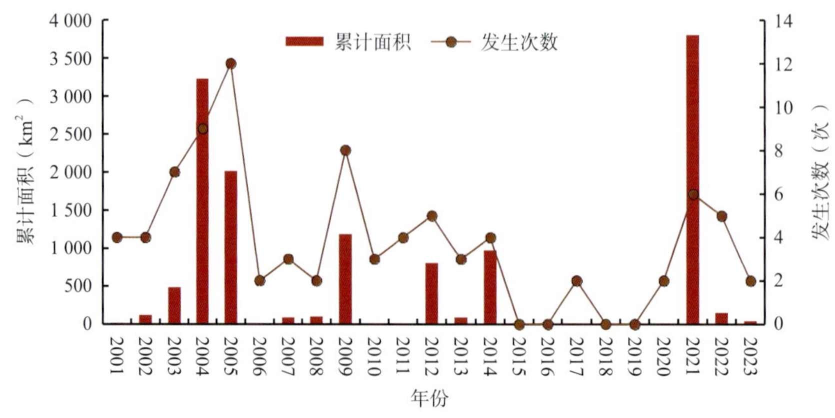

图3-2　山东省管辖海域2001—2023年赤潮暴发情况

（二）绿潮

2023 年 5 月，黄海浒苔绿潮连续 17 年暴发，最大分布面积 61 159 km^2，最大覆盖面积 998 km^2，总体呈现“南北跨度大、东西分布广”“发生时间早、整体生物量大”等特点（图 3–3）。山东省于 5 月 19 日正式启动前置打捞工作，8 月 3 日，本年度浒苔绿潮灾害应急处置工作结束（图 3–4）。2023 年浒苔登滩量较 2022 年减少了 93%，岸滩清理浒苔 1.63 万吨。

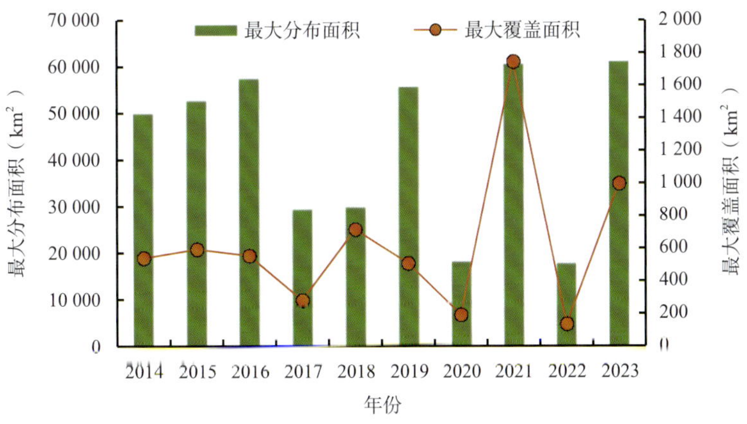

图 3–3 黄海绿潮 2014—2023 年暴发情况

图 3-4 黄海绿潮海上打捞

（三）互花米草入侵

2023 年 9 月，山东省互花米草分布面积为 2.56 km^2。经过多年持续治理后，山东省互花米草存量面积大幅度减小，互花米草快速蔓延的趋势得到有效遏制（图 3-5 和图 3-6）。

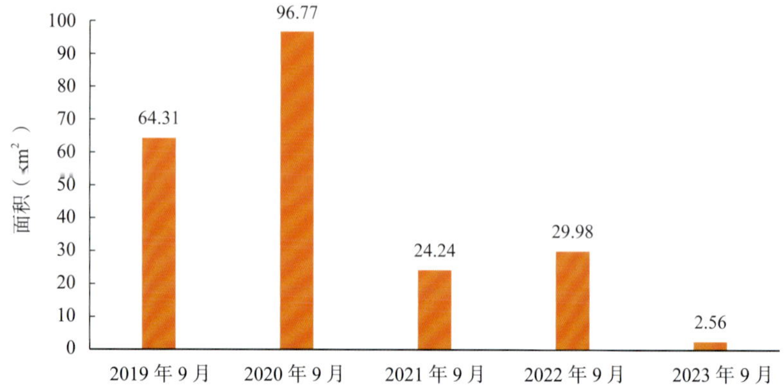

图 3-5　山东省互花米草面积 2019—2023 年 9 月同期年际变化

图 3-6　丁字湾海域互花米草治理前后对比

左：治理前；右：治理后

（四）海水入侵和土壤盐渍化

1. 海水入侵

2023 年，位于莱州湾西岸与南岸的滨州、东营、潍坊依旧是山东省海水入侵最严重的地区；海水入侵离岸距离最远出现在丰水期潍坊寿光断面，入侵距离为 33.4 km，较 2022 年同期降低 0.2 km；除潍坊柳疃、烟台招远、威海初村及东营河口等 8 个断面外，其余 12 个断面海水入侵离岸距离呈稳定或减小趋势。2021—2023 年山东省丰水期各断面海水入侵距离如图 3-7 所示。

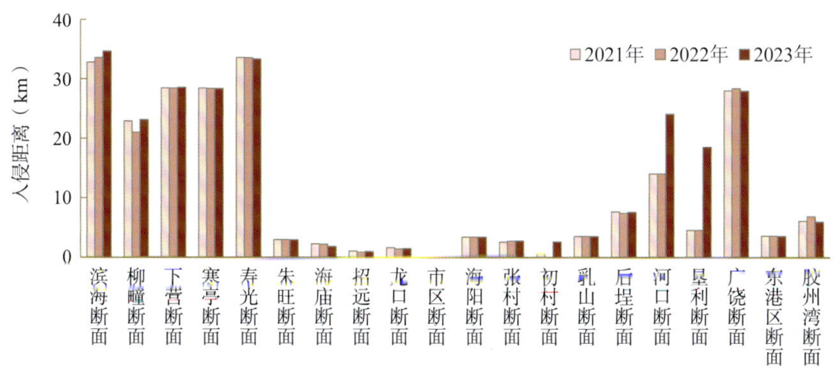

图 3-7　2021—2023 年山东省丰水期各断面海水入侵距离

2. 滨海土壤盐渍化

位于莱州湾西岸与南岸的东营、潍坊依旧是山东省滨海土壤盐渍化最严重的地区；土壤盐渍化等级基本为轻度及以上；土壤盐渍化离岸距离最远出现在丰水期潍坊滨海断面，为 34.2 km，较 2022 年同期降低 6.6 km；除潍坊滨海、威海朱旺、烟台市区及东营河口等 8 个断面外，其余 12 个断面滨海土壤盐渍化离岸距离呈稳定或减小趋势。2021—2023 年山东省丰水期各断面土壤盐渍化离岸距离如图 3-8 所示。

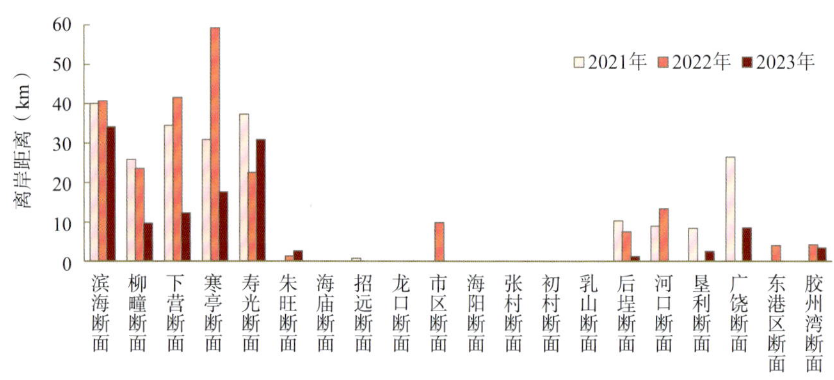

图 3-8　2021—2023 年山东省丰水期各断面土壤盐渍化离岸距离

（五）局地性生物暴发

2023 年 2—6 月，山东省青岛市胶州湾局部海域发生一起局地性海洋生物暴发事件，优势生物主要为多棘海盘车和经氏壳蛞蝓（图 3-9）。

多棘海盘车属于棘皮动物，体型扁，盘略宽，呈现五角星的对称分布，是底栖生物群落中重要的捕食者，大量聚集时对贝类养殖造成严重危害。

经氏壳蛞蝓属于软体动物。贝壳中小型，呈长卵圆形，薄而脆，完全被外套膜遮盖。生长速度快、产量大，摄食小型双壳类及其他小型无脊椎动物，为滩涂及浅海贝类养殖的敌害。

多棘海盘车

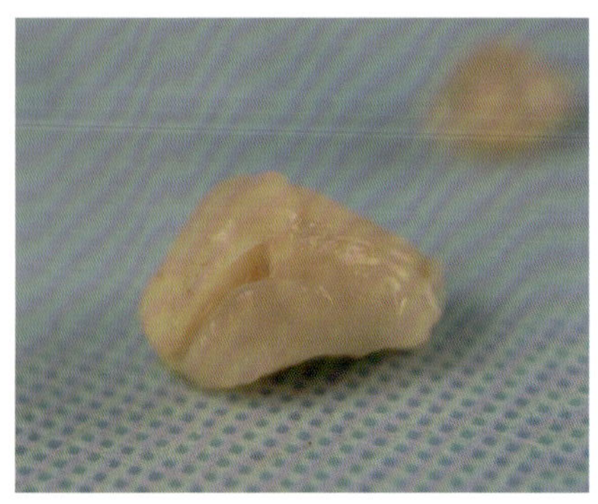

经氏壳蛞蝓

图 3-9　优势生物

专栏四 烟台北部海域大型绿藻聚集

2023 年烟台北部海域再次发生大型绿藻聚集，经鉴定主要优势种为浒苔属（石莼属）新记录种，暂命名为柔弱浒苔。2023 年绿藻最大覆盖面积 1.75 km^2，影响海岸线长度 35 km，均高于 2022 年（最大覆盖面积 1.15 km^2，影响海岸线长度 19 km），显示该绿藻聚集影响范围有扩大趋势。

烟台北部海域绿潮暴发

左：个体图片；右：聚集图片

2023年山东省海洋生态预警监测报告

第四章
海洋生态保护行动

（一）持续强化预警监测体系建设

近年来，按照《自然资源部办公厅关于建立健全海洋生态预警监测体系的通知》（自然资办发〔2021〕52 号）、《自然资源部办公厅关于印发〈全国海洋生态预警监测总体方案（2021—2025 年）〉的通知》（自然资办发〔2021〕64 号）等系列文件要求，山东省集合全省海洋技术力量，凝聚海洋生态预警监测队伍，积极推进山东省海洋生态预警监测体系建设（图 4–1）。形成了以山东省海洋资源与环境研究院（山东省海洋环境监测中心）为技术引领，市、县监测机构为基础，国家监测梯队以及科研院所为外部支撑的海洋生态预警监测队伍体系；构建了以海洋生态预警监测为基础，涵盖蓝碳调查、互花米草入侵监控、海水入侵和滨海土壤盐渍化监测等多方向的海洋生态预警监测业务体系；创建了集能力培训、监督检查、考核交流为一体、面向全省的海洋生态预警监测质量管理体系。山东省海洋生态预警监测体系服务支撑效能得到充分发挥，为落实黄河流域生态保护和高质量发展战略，促进海洋强省建设，保障海洋生态安全等提供了有力支撑。

图 4–1　2023 年山东省海洋生态预警监测技术交流会

（二）科学谋划蓝碳监测业务布局

双碳目标提出以来，党中央、国务院先后出台《中共中央 国务院关于完整准确全面贯彻新发展理念做好碳达峰碳中和工作的意见》《2030 年前碳达峰行动方案》等政策文件，部署“开展森林、草原、湿地、海洋、土壤、冻土、岩溶等碳汇本底调查和碳储量评估”，山东省委省政府制定配套政策加以落实，山东省直相关部门出台具体措施，系统开展蓝色碳汇行动，推动海洋碳汇发展。

2023 年，山东省海洋局组织相关单位圆满完成多项地方事权海洋生态系统碳储量调查评估任务，在莱州湾盐沼生态系统、黄河口海草床生态系统、威海双岛湾海草床生态系统、庙岛群岛海藻场生态系统开展了试点工作，初步摸清了试点区域的碳储量家底及分布特征。编制完成全国首个省级海洋碳汇标准体系。山东省首个碳普惠方法学《山东省海草床碳汇碳普惠方法学》通过评审，依据该方法学开发的碳普惠项目已用于抵扣大型会议碳排放，实现了会议碳中和。国际海洋碳汇产业组织在 2023 年绿色低碳高质量发展大会上发起成立，成功组织召开山东省海洋碳汇产业联盟第一届理事会（图 4–2）。

图 4–2　山东省海洋碳汇产业联盟第一届理事会成立

（三）系统推进海洋生态保护修复

一是浒苔绿潮防控处置成效明显。成立山东省浒苔前置打捞现场指挥部，突破驳船卸载瓶颈，建立渔船作业红、黑榜，暗访近岸拦截网布设和岸滩清理。2023 年，山东省岸滩清理浒苔 1.63 万吨，较 2022 年减少 93%。二是互花米草综合防治能力有序提升。在东营组织召开第二次全国互花米草防治工作现场会（图 4–3），山东作典型发言。设立山东省互花米草防治攻坚专项小组，印发新一轮 3 年行动方案，将互花米草治理成效纳入各市高质量发展综合绩效考核，互花米草清除率超过 85%。三是海洋生态保护修复稳步推进。烟台、威海两个项目纳入中央财政支持范围，获奖补资金 6 亿元。东营渤海综合治理攻坚战海洋生态修复项目，入选国际海岸带生态减灾协同增效案例。烟台长岛综试区南长山岛和北长山岛（岛群）、大黑山岛、砣矶岛获全国首批“和美海岛”称号。威海成为 2016 年以来全国唯一累计 6 期获批中央财政支持海洋生态保护修复工程项目的城市。日照海龙湾生态修复项目入选自然资源部海洋生态保护修复十大典型案例。

图 4–3　全国互花米草防治工作现场会（山东东营）